ビジュアルで見る
遺伝子・DNAのすべて

身近なトピックで学ぶ
基礎構造から
最先端研究まで

HOW TO CODE A HUMAN
Exploring the DNA Blueprints
That Make Us Who We Are
by Kat Arney

キャット・アーニー
長谷川知子 臨床遺伝専門医【監訳】
桐谷知未【訳】

原書房

CONTENTS 目 次

はじめに 4

CHAPTER 1
あなたのゲノムと親しくなろう 10

CHAPTER 2
わたしたちの遺伝子の旅 24

CHAPTER 3
遺伝子はどんな働きをしている? 38

CHAPTER 4
ダメージの修復 52

CHAPTER 5
あなたは何者? 66

CHAPTER 6
ヒトはマメにあらず 82

CHAPTER 7
遺伝的スーパーヒーロー 92

CHAPTER 8
スイッチの入れかた 104

CHAPTER 9

遺伝子のふせん ……………………………… 116

CHAPTER 10

RNAの世界 ……………………………………… 126

CHAPTER 11

赤ちゃんができるまで ………………………… 136

CHAPTER 12

脳の配線 ………………………………………… 148

CHAPTER 13

適合性を生み出す遺伝子 ……………………… 160

CHAPTER 14

XとY ……………………………………………… 172

CHAPTER 15

ヒトをつくったウイルス ……………………… 184

CHAPTER 16

物事が悪い方向へ進んだら …………………… 196

CHAPTER 17

ヒト2.0 …………………………………………… 208

監訳者から／長谷川知子（臨床遺伝専門医） ……………… 224

索引 ……………………………………………………………… 226

はじめに

たった1つの受精卵から複雑な人間へ、DNAからの暗号（コード）が遺伝情報を発し、生命のさまざまな過程を導いていく。

血縁関係が近い人同士がよく似ていることは、どの家族を見ても明らかだ。とはいえ、母親か父親と完全にそっくりな人はいないし、一卵性の双子にも違いはある。科学者たちは、なぜ形質や特徴が両親から受け継がれるのだろうと何千年ものあいだ頭を悩ませ、ありとあらゆる説明を考え出した。その情報がどうやって、DNAに書き込まれた遺伝子という形で子孫に伝わっていくのかが解明されたのは、20世紀に入ってからだ。さらに、遺伝子から人間がつくられるまで、つまり遺伝子型（ある特徴をつくり出す遺伝子）から表現型（受け継がれた形質の身体的発現）までの道すじは、単純ではないことも明らかになった。

　もっと詳しく言えば、成人の体には数えきれないほどの小さな細胞があり（40兆個くらいとの見積もりもある）、別個の特徴と形と機能を持つ器官や組織をつくっている。肺や肝臓、リンパ節から、腸、膀胱、脳まで、何百種類もの細胞がある。けれども、すべては受精のときにつくられた、わずか1個の細胞から生まれる。この細胞は分裂して、2個の細胞になる。それが成長してまた分裂し、4つの細胞になって、さらにまた次々に分裂していく。やがて、成長する胚の別々の部分にある細胞が分化して、ついには赤ちゃんをつくるのに必要なあらゆるタイプの細胞ができる。しかし、この過程は、そこでは終わらない。人間の体がさらに発達するあいだ、細胞は休みなく分裂を続け、傷ついたりくたびれたりした細胞を交換し、傷を修復している。

　今では、遺伝子がこのような過程のすべてをコントロールしながら、まわりの環境にも反応していることがわかっている。つまり、生まれと育ちはどちらも、きわめて重要だ。科学者たちは、次のようなとびきり重大な疑問に対する答えを、ようやく見つけようとしている。

・受精卵は、どのように分裂・分化して全身の組織をつくっているのか？
・どうして肝細胞は肝臓に、脳細胞は脳にとどまっているのか？
・あなたの遺伝子は、あなたという人間をどうやってつくっているのか？
・形質や特徴、病気はどのように遺伝するのか？

　1960年代になって、科学者たちは遺伝子の分子基盤という概念をまとめ始めた。そして遺伝子とは、一定の長さのDNAに書かれた特別な指示であ

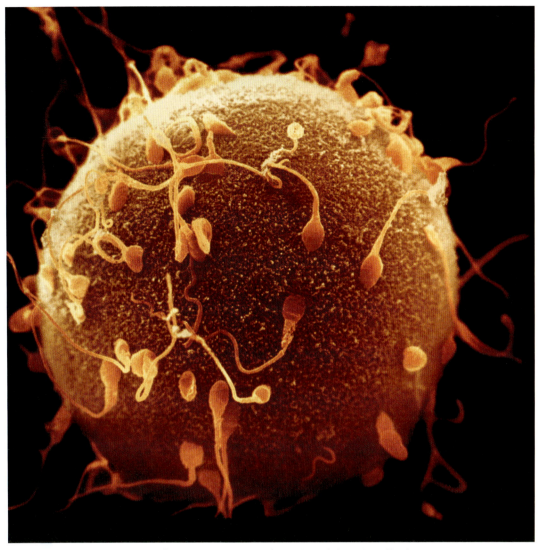

▲受精（精子と卵子が結合するとき）は、人間が完成するまでの第一歩。

り、それが細胞のふるまいを決めているということを突き止めた（その指示によって細胞は通常、タンパク質のような特定の分子をつくる）。同じころ、コンピューターが高性能になってきたので、DNAを形づくる化学物質の「文字列」と、コンピューターコード内の論理的な数字列やコマンド文字列との比較が簡単になった。これに続いて、そのコードを解明してすべての遺伝子を読み取れば、細胞と体がどのように働いているのかを正確に理解できるという発想が生まれた。

▲DNAは、コンピューターの2進コードより複雑だ。

　しかしここ数十年で、その考えはあまりにも単純すぎることがはっきりしてきた。遺伝子は、整然とした電気回路を伴うコンピューターコードなどではなく、むしろ料理のレシピに近い。絶えず変化している分子で満たされ、柔軟性を持たせるためのたくさんのオプションがあり、細胞がつくらなくてはならないさまざまな物質によっても違ってくる生きた存在なのだ。遺伝子はこの絶え間ない変化のなかでなんとかして、細胞が確実にきちんと機能し続けるよう、適切な時に適切な場所でスイッチを入れたり切ったりする必要がある。

　また知っておくべきなのは、ある形質を生じる単一の遺伝子、たとえば身長や知能をつくる、あるいはがんのような病気を引き起こす遺伝子などというものは存在しないということだ。遺伝子は分子をつくるためのレシピであり、それを使って、細胞、体、脳のなかで分子のすべてが周囲の環境にも影

響されながらともに働き、今いるわたしたちがつくられ、ありとあらゆる病気のリスクが決定されている。

　本書では、おもにヒトの遺伝子と形質の例に注目していくが、ここで取り上げる基本原則の多くは、他の多様な生物にも当てはまる。

　ヒトゲノムをじっくり眺めて、遺伝子がどのように働いているのか、DNAの二重らせんが生命の指令をどうやってコード化しているのかを探っていこう。遺伝的な先祖がアフリカを出て地球をぐるりと回った旅を追いかけ、わたしたちの遺伝子に残されたその痕跡を見てみよう。そして、卵子と精子が出会うそもそもの始まりから、DNAがどのようにわたしたち自身をつくり、細胞がその役割をどうやって"記憶"しているのかに迫っていく。また、体を形づくり、脳をつくる遺伝子を見つけ、物事がうまくいかないときに何が起こるかも明らかにする。最後に、わたしたちの遺伝子と全人類、その双方にどのような未来が待っているのかを見てみよう。

▼ゲノムが環境とともに働き、あなた自身をつくっている。

CHAPTER 1

あなたのゲノムと親しくなろう

ヒトゲノムは、DNAに何十億ある「文字」でコードされた約2万個の遺伝子でできている。けれど、実際にそこにあるのはなんだろう？

まず、DNAそのものから始めよう。本式にはデオキシリボ核酸と呼ばれるDNAは、ポリマーという化学物質の一種で、ヌクレオチドと呼ばれる反復サブユニットでできている。それぞれのヌクレオチドには3つの構成部分がある。糖（デオキシリボース）、リン酸基と言われる小さな原子の集団、そして塩基と言われる4種類の化学物質の1つだ。4種の塩基、アデニン、シトシン、チミン、グアニンは、それぞれ頭文字の"A"、"C"、"T"、"G"で表される。ヒト体細胞のほとんどすべてにはなんと2.2メートルにもなるDNAがあり、23組の染色体（DNAの長いひも）に分かれて、すべてがピンの頭よりも小さい構造のなかに収まっている。

ヒトは、精子が卵子と出会う受精時に、各組の染色体の1本を母親、もう1本を父親から受け継ぐ。卵子と精子はそれぞれ、染色体23本に30億のDNA"文字"（単数体ヒトゲノムと呼ばれる）を持ち、2つの細胞が合体して23組の染色体をつくり出し、60億文字の二倍体（連合した）ゲノムをつくる。そのうち22組は常染色体と呼ばれ、23組めは性染色体で、XXが女性核型、XYが男性核型となる。ほぼ全細胞にあるこの1セットのDNAが、その人のゲノム、つまりひとりの人間を特徴づけるDNAコードだ。

1950年代、アメリカとイギリスの分子生物学者チームのジェームズ・ワトソンとフランシス・クリックは、イギリスの化学者ロザリンド・フランクリンと生物物理学者モーリス・ウィルキンスとともにDNAが通常、ねじれ合った階段のような二重らせんの形をとっていることを発見した（▶右ページの図参照）。階段の両側は糖とリン酸の長い鎖で、横木は塩基だ。塩基は決まった形でしか結合しない。"A"は必ず"T"と、"C"は必ず"G"とペアを組む。料理本の文字の並びがパイをつくるのに必要な材料と焼きかたを指定するのと同じように、DNAの塩基の並び（塩基配列）は細胞が生まれて、増殖し、分化するのに、さらには死ぬのにも必要な生物学的

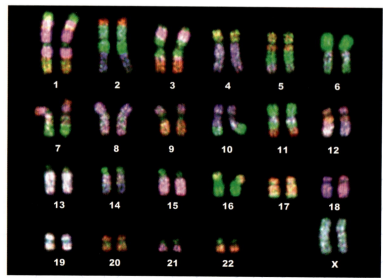

◀ヒト細胞には23組の染色体がある。各組の1本を母親、もう1本を父親から受け継ぐ。

細胞からDNAへ

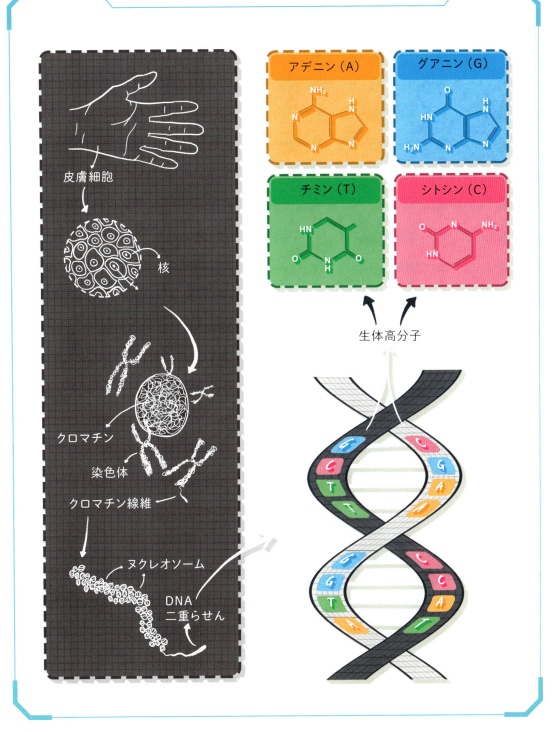

写真51番 DNA構造の解明

1950年代、多くの研究者はDNAの構造を突き止めようと競っていた。カナダの分子生物学者オズワルド・エイヴリーがその10年前に、細胞内のDNAが遺伝情報の伝達を担う分子であることを示していたが、それがどんな形をしていて、どう働くのかは誰にもわからなかった。この謎を解くため、キングス・カレッジ・ロンドンのモーリス・ウィルキンスとロザリンド・フランクリンは、X線回折と呼ばれる技術を使った。X線ビームをDNAの結晶に照射したところ、内部の原子の"影"が見え、DNAによって形づくられたなんらかの構造の重要な情報をとらえることができた。"写真51番"として知られるその写真は、博士課程の学生としてフランクリンとともに働いていたレイモンド・ゴスリングが撮影した。規則正しい形状からして、その構造は規則的に反復する二重らせん、あるいはねじれたはしご状であることが示された。ウィルキンスはその写真を、ケンブリッジ大学のジェームズ・ワトソンとフランシス・クリックに見せた。彼らは針金とボール紙で模型をつくり、DNAの立体構造の視覚化に取り組んでいた。その写真はきわめて重要な情報であることがわかり、ワトソンとクリックは、DNAのヌクレオチドがどのように結合してあの有名な二重らせんをつくっているかを突き止めることができた。1962年、クリックとワトソン、ウィルキンスはその発見によって、ノーベル生理学・医学賞を受賞したが、悲しいことにフランクリンは受賞の4年前に亡くなっていた。そして何年ものあいだ、彼女の功績はあまり知られることがなかった。

レシピについて重要な情報を持っている。このレシピが、遺伝子だ。

遺伝子とは何か?

遺伝子には、いくつかの異なる定義がある。1つは分子レベルの定義で、遺伝子はヌクレオチドにある一定の配列である、というものだ。そのなかには通常、細胞に特定のタンパク質をつくりなさいという指令がコード化されている(▶CHAPTER 3参照)。たとえば、"MYH2"という遺伝子には、力を生じ体を動かすのに役立つ長い波状のミオシンモータータンパク質を筋細胞につくらせるための指令が含まれている。ふたつめのもっと広い定義では、遺伝子は遺伝継承の要素――親から子へ受け継がれ、特定の特徴や形質を伝える情報になる。だから、青い目や、がんのリスクの増加や、音楽の才能までが、"遺伝子のなかにある"と言われるのかもしれない。

どちらのアプローチにも利点と欠点がある。1つめは生物学的な文字列としての純粋に化学的な定義で、これは細胞をつくる分子がともに働いて体を維持する方法を科学者が研究するときには役立つが、そこには限界がある。すべての遺伝子がタンパク質をつくっているわけではなく、どのタイプのDNA配列を"本物の遺伝子"と見なすかをめぐっては科学的な議論があるからだ。さらに、形質や病気に連関する遺伝的多様性の最大80パーセントは、DNAがタンパク質に翻訳される部分にはまったく見られず、タンパク質には変換されない(非コード)部分に見られる。

そうは言っても、2つめの定義のように、代々引き継がれるようなものすべてを"遺伝子"と呼ぶのはあまりにも単純化しすぎている。単一の遺伝子やDNA領域だけで決まる特徴は、ほとんどない。たとえば、知能やがんには何百

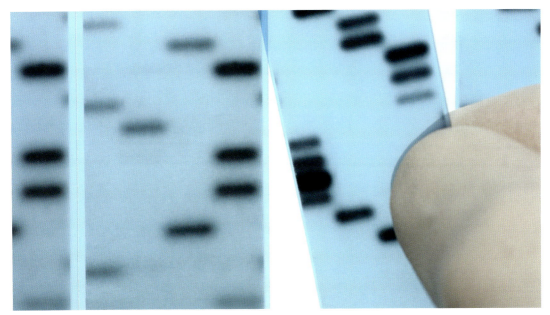

▲ 1970年代、DNA配列はこんなふうにX線写真から直接読み取られていた。今日、次世代シークエンシング技術は完全に自動化されている。

ものDNA領域が関わっているが、単一の"利発遺伝子"や"がん遺伝子"などはない（今後も見つからないだろう）。つまり、遺伝子と周囲の非コードDNAが共同で働く様子が明らかになってきた現在では、遺伝子と制御スイッチのネットワークがともに働き、適切な時に適切な場所でスイッチが切り替わることで、ヒトがつくられ、健康が保たれるという点から考えたほうが役に立つだろう。

ヒトゲノムを解読する

遺伝学者たちは1世紀以上にわたって、さまざまな技術を使い、ショウジョウバエなどの生物の遺伝子配列を研究してきた。1970年代以降、染色体内の重要なヒト遺伝子の位置解明は大きく進展した。しかし、遺伝子とゲノムの働きかたをきちんと理解するには、基礎となるDNA配列の地図をつくる必要があった。1977年、2つの科学者グループ（1つはアメリカの分子生物学者アラン・マクサムとウォルター・ギルバートが率いる集団、もう1つはイギリスの生化学者フレデリック・サンガーが率いるグループ）が、DNAの"文字"（塩基）配列を解読する技術をそれぞれ開発した。その技術は、シークエンシング（塩基配列決定法）と呼ばれる。結局、より簡便なサンガーの方法が主流になり、その後登場したさらに高速で高性能なDNAシークエンシング技術の基礎をつくった。常に新たな技術が開発され改良されているが、じつは、この種のDNA解読法がいわゆる"次世代"シークエンシングと置き換わったのはごく最近のことだ。

1980年代には、研究者たちはヒトゲノム全体の配列決定のために資金を集める努力をしていた。けれども当時は、ほんの数百文字を解読するのも骨の折れる作業だった。1990年代前半、ヒトゲノムプロジェクト（HGP）の旗印の

CHAPTER 1 あなたのゲノムと親しくなろう 15

サンガー法シークエンシングのしくみ

[材料]
- 配列を決定したい DNA
- プライマー（複製を開始するための、対となる短い DNA 断片）
- 標準の DNA 塩基 A、C、T、G
- 蛍光標識した特別な"停止"塩基
  A= 🟠 C= 🩷 G= 🔵 T= 🟢
- DNA を複製する酵素（DNA ポリメラーゼ）

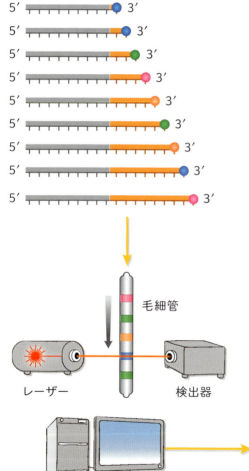

DNA ポリメラーゼが、プライマーから鋳型 DNA を複製し始め、蛍光標識した"停止"塩基を無作為に取り込むことで、それ以上の複製が妨げられる。こうして配列が異なる文字で終わるさまざまな長さの DNA 断片ができる。

DNA 断片は細い毛細管に通して最小から最大までサイズごとに分けられ、レーザー検出器にかけられる。
現れた異なる色の順番をコンピューターが分析して、もとの DNA 配列をつなぎ合わせる。

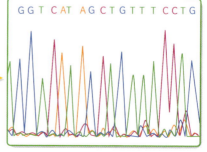

もとに、当初はジェームズ・ワトソンの主導で本格的な研究が始まった。プロジェクトに関わった主要な機関には、アメリカの国立衛生研究所（NIH）とエネルギー省、そしてイギリスに拠点を置く医学研究会議とウェルカム・トラストがある。初めは遅々として進まなかったが、幸いなことに、自動シークエンシング装置やデータ分析用のコンピュータープログラムなどのテクノロジーの進歩によって、研究速度が上がった。

1998年、元NIHの生物学者クレイグ・ヴェンターが民間企業セレラを創立したことで、プロジェクトへの圧力が強まった。ヴェンターは、公的な資金提供を受けたチームとは異なる技術を使ったDNA配列決定をめざした。こうして、公的なプロジェクトと営利的なプロジェクトのどちらが先にヒトゲノム全体を解読するかという競争が始まった。それは、2つの研究法の精度をめぐる議論にもつながった。ヴェンターの新しい「ショットガン・シークエンシング法」（DNAを短い断片に切断して、すべての配列を

決定してから、あとで調整する方法）が、長いDNAの末端からもう一方の末端まで配列決定するHGPの秩序立った方法と同じくらい優れていることを疑う者もいた。もしデータが企業の手に渡れば、自由な閲覧や世界の科学界への利益が失われるという現実的な懸念もあった。

最終的に、2つのチームは和解した。2001年2月、彼らは結果を共同で発表し、約90パーセントのヒトゲノムの初稿を公開した。この大いなる功績は、シークエンシング技術、DNA解析、遺伝子地図作成における主な進歩の数々を1つに結びつけた。史上初めて、人間はヒト遺伝子（人を人としてつくっている生物学的レシピ）を眺めることができ、同時にそれがいかに少ないかに驚かされた。

ジャンク、それとも遺伝子？

ヒトゲノムが解読される数年前、プロジェクトに関わっている数人の研究者のあいだで、誰が人体の遺伝子の最終的な数を正確に予想できるかをめぐって賭けが行われた。ヒトがあらゆ

▌ DNA がない細胞も ▌

よく、すべての体細胞にはまったく同じDNA一式が収まっていると言われるが、これは厳密には正しくない。発達するにつれ、すべての哺乳類の赤血球はDNAを失う。おそらく酸素運搬分子ヘモグロビンをより多く詰め込めるようにするためだろう。免疫細胞には、DNAのある部分を切り刻んで、抗体と呼ばれるタンパク質に変化させ、細菌やウイルスなどの異物を見つけ攻撃させるものもある。そのおかげで免疫システムに多様性が生じ、広範囲の脅威を認識できるようになっている。

さらに、細胞内のDNAは、損傷を受けると時とともに徐々に変化（変異）する。たとえばタバコの

煙に含まれるものなど環境中の化学物質や、太陽光の紫外線、わたしたちの細胞がエネルギー産出のために利用している酸素までが、変異を起こす。DNAが複製される過程でも、細胞が分裂して新しい細胞をつくるたびに変異は起こる。さらに言えば、"完全なヒトゲノム"などというものはない。あらゆる人間には、何百万もの大小のDNAの変化があり、個性をつくっている。一卵性の双子は1つの受精卵が2つに分かれ、同じDNAを持って生まれるが、その双子にさえ、それぞれに独自の遺伝子の違いがいくつか見つかることがある。

生物	単数ゲノム（塩基対）	遺伝子数（概算）
キヌガサソウ（最大のゲノムを持つ植物）	1500億	不明
プロトプテルス・エチオピクス（最大のゲノムを持つ動物）	1300億	不明
コムギ	168億	9万5000
ヒト	32億	2万1000
マウス	28億	2万
犬	24億	1万9000
ゼブラフィッシュ	14億	2万6000
ゴールデン・デリシャス・アップル	7億5000万	5万7000
キイロショウジョウバエ	1億4000万	1万7000
カエノラブディティス・エレガンス（線虫）	1億	2万1000
パン酵母	1200万	6600
大腸菌	460万	4300

る種類の体細胞のなかで10万種類以上のタンパク質をつくっていることを考え、約15万にもなると予測する者もいた。それよりずっと少なく、3万以下とする者もいたが、平均の予想値は約6万だった。だが結局、全員が間違っていた。賭けに勝った予想値は2万5947だったが、大まかなヒトゲノム内の遺伝子の最終数は、2万4847とわかった。

じつのところ、現在ではさらに少ないと考えられている。ほとんどの予想値は2万から2万2000のあいだで、1万9000という低値を出している者もいる。正確に数えるのはむずかしい。研究者たちは、DNA配列のレベルで何を遺伝子とするかについて、それぞれ独自の定義を持っているからだ。なにしろ、遺伝子とは生物学的存在なので、必ずしも人間がつくった分類にきちんと収まるわけではない。人間のよう

に複雑な存在がこんなに少ない遺伝子しか持っていないことに、驚く声は多い。自分たちが、ショウジョウバエやちっぽけな線虫のようなはるかに小さい動物と同レベルに置かれるのだから。それどころか、多くの生物はヒトより多くの遺伝子を持っている（▶上の表参照）。比較表の上位を占めるのは植物だ。

また、ヒトゲノムのごく一部分しか2万ほどの遺伝子に採用されていないとわかったのも、興味深いことだった。研究者たちの発見によれば、実際にタンパク質をコードする配列をつくっているのはDNAの2パーセント以下で、残り98パーセントの機能と目的については遺伝学界で盛んに議論されている。"ジャンク（がらくた）DNA"と呼ばれることもあるが、非コードDNAというのがより正確な名称だ。いくつかの部分は染色体の構造上重要で、中央を形づくるのがセントロメア、末端を形づくるのがテ

ロメアと呼ばれる。他の領域は遺伝子調節にとって重要であることが知られていて、適切な時に適切な場所で、遺伝子のスイッチを入れたり切ったりしている。

ヒトゲノムの約50パーセントは、レトロトランスポゾンと呼ばれるウイルスのような因子から生じた反復するDNA配列でできている。これは"動く遺伝子"とも言われる。この遺伝子は、400万年前、先祖たちのゲノムのなかに無作為に飛び込み、それ以来何度も何度も自身を複製してきたが、ヒトのDNAにさほど悪さはしていないらしい。悪さをするなら、これほど長いあいだ存続し、増殖してきたはずがないからだ。有害な遺伝的変化は、進化の過程で時とともに失われるか、少なくとも集団内でかなり低水準にまで減っていく。つまりこの反復DNAの多くは（すべてではないが）ジャンクらしい。壊れた、あるいは"死滅した"遺伝子もある。機能的な遺伝子がゲノム内で複製され

トランクのなかのジャンク

"ジャンクDNA"という言葉は、さかのぼること1960年代、生物学者たちによって初めて使われた。けれどもそれが広まったのは、日系アメリカ人の遺伝学者、大野乾博士の研究を通じてだった。1972年、ヒトゲノムにいくつの遺伝子があるのか誰も知らないころ、大野は「人間のゲノムにはたくさんの"ジャンクDNA"がある」と題した論文を発表した。彼の説明によると、人間は、4000個余りの遺伝子を持つ大腸菌の約700倍のDNAを持つ。もし遺伝子の数がゲノムの大きさに比例して増えるなら、人間は約300万個の遺伝子を持つはずだ。当時でさえ、それはあまりにも大きすぎる数字に思えた。また大野は、サンショウウオとハイギョがヒトの30倍大きなゲノムを持つとすれば、1億個以上の遺伝子があることになってしまうと気づいた。これもあまりにも不自然に思えた。そこで、重要でないDNA塩基配列が、たとえ使われていなくても、時とともにゲノム内に蓄積していくのではないかと考えた。大野はこう言った。「ヒトゲノムには、自然が行った過去の実験の成功と失敗、両方が収められているようだ」

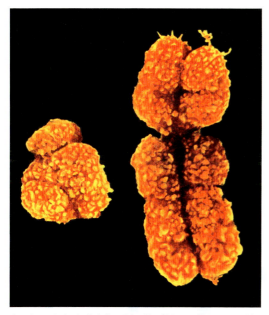

▲ヒトのXおよびY染色体。それぞれが短い"p"腕と長い"q"腕で構成され、中央のくびれはセントロメアと呼ばれる。

て、途中で有害となる変化を起こしたものだ。

2012年、ENCODE（DNA要素の百科事典）という大きなプロジェクトが、世の注目を集める研究論文をいくつも発表した。それらの論文によると、非コードゲノムの最大80パーセントは、ある種のタンパク質がDNAに貼りついているか、塩基配列がRNAをつくるために"読まれるか"を基準にすれば、機能的と考えられるらしい（▶CHAPTER 3参照）。とはいえ、単に相互作用が生じる証拠を見つけただけでは、非コード領域が細胞内で実際に役立つことや重要なことをしているとは証明できない。しかし、真実はまったく別のところにあるかもしれない。

オックスフォード大学の科学者たちは、ヒトからウマ、マウス、ショウガラゴに及ぶ種の似通った一連のDNAの比較に基づいて、適切な機能を持つのはヒトゲノムの10分の1以下と計算した。80パーセントと10パーセントは大差なので、今のところ活発な議論が続いている。

ゲノムのほとんどが役に立たないがらくたである、という考えは理解しにくいかもしれない。設計と秩序を思い描くほうが安心できるからだ。とりわけ、人類のように崇高な存在については……。しかし、ヒトゲノムは、きちんとまとめられたテキストや、賢く整然とした方法で組み立てられた完ぺきなコンピューターコードとはまったく異なり、何百万年もかけて進化してきた。ゲノムにとっては、周囲の環境のなかで生きのび、遺伝子を次世代に伝えられる生物をつくれるだけでよかった。ときには、制御スイッチや他の遺伝子の調節要素になることでジャンクDNAが役に立っているが、たいていの場合、なんの悪さもしないようなので、ジャンクはただそこにとどまっている。

しかも、ヒト以外の種には、はるかに効率的なゲノムを持ちながら、完ぺきに機能的な生体を形づくっているものもいる。トラフグ(Takifugu rubripes)はごちそうとして食され、臓器に致死性の神経毒があることでよく知られるが、そのゲノムはヒトゲノムの8分の1ほどの大きさしかない。それでもヒトとほぼ同数の遺伝子を持ち、同じような臓器と組織をつくっている。

遺伝子のおかしな名前

これまで見てきたとおり、ヒトゲノムは約60億個の塩基からなり、23組の染色体にまとめられ、約2万〜2万2000個の遺伝子を持って

▲トラフグのゲノムの大きさは、ヒトゲノムの約8分の1しかない。

いる。遺伝学者が何を研究しているのかを明らかにして結果を他の科学者に伝えられるようにするには、各遺伝子になんらかの識別標識が必要になる。いくつかの遺伝子には、すでに名前がある。まともで良識的な名前（たとえばミオシン重鎖2を表すMYH2）から、"ルナティック・フリンジ（少数過激派）"や"ソニック・ヘッジホッグ"[訳注：セガグループのビデオゲームのキャラクターに由来する名前]などの突飛で風変わりな名前までさまざまだ。

研究者たち、特にショウジョウバエなどの小動物を研究している人たちには、新発見の遺伝子に説明的、あるいは奇妙な名前をつける長い伝統がある。しかし、人間がかかる病気を起こす機能不全遺伝子は別で、滑稽だったり不穏当だったりする名前は気まずくさせ、不快感を招きかねない。そういう問題を避けるため、ヒト遺伝子については標準化された命名システムが世界じゅうで使われていて、各遺伝子はいくつかの文字と数字で識別される。慣例では、遺伝子はイタリック体の大文字で表される（たとえばソニック・ヘッジホッグは"*SHH*"と表される）が、その遺伝子で変換されるタンパク質（これもソニック・ヘッジホッグと呼ばれる）は"SHH"と表される。

ヒト遺伝子の名前を決める仕事は、遺伝学の専門家エルスペス・ブルフォードがまとめ役を務めるヒト遺伝子解析機構（HUGO）のヒトゲノム命名法委員会（HGNC）が行っている。ブルフォードはこう説明する。「ヒト遺伝子記号の目的は、科学論文や発表、議論だけでなく、メディアや、医師が患者と話し合うときなど、あらゆる状況で使えるようにすることです」

　HGNCチームは、ある遺伝子がすでに別の生物で発見され命名されているかどうかを考慮するとともに、別の科学者グループが同じ遺伝子を発見して異なる名前をつけていた場合に生じる混乱を整理している。
「原則として、ヒト遺伝子は、遺伝子産物の既知の機能に基づいて命名されます」とブルフォードは言う。「つまり、たとえばその遺伝子が、既知の機能を持つタンパク質をコードしていれば、そのタンパク質に基づいた名前をつけるようにします。既知の機能がなければ、すでに知られているか、既知の機能を持っていそうな他の遺伝子とどの程度関連しているかを見ることから始めます。他の種が持つさまざまな形の遺伝子も見て、その機能について知られていることを参照します。似たものが何もなければ、その遺伝子でコードされるタンパク質の構造を見て、タンパク質ドメインあるいはモチーフと呼ばれる特定の領域を含むかどうかを観察し、それに基づいて命名できるかを確かめます」

　他にも、ヒトゲノムのいたるところに、コード化タンパク質になる運命の一連のDNAがたくさんあるように思えるが、科学者たちはまだその証拠を見つけていない。それらは"オープンリーディングフレーム（読み枠）"、略してORFといわれる。ORFでコードされる分子の機能が発見されたら、適切な名前が与えられるかもしれない。

　さて、ヒトゲノムの紹介が終わったので、次章ではそれがどこから来たのかを見てみよう。

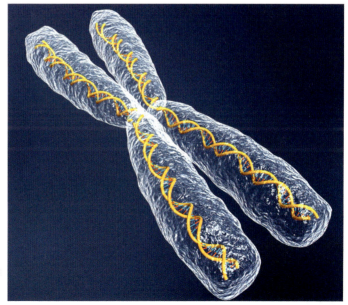

▶ヒトゲノムには約2万個の遺伝子があるが、それらすべての働きを理解するまでの道のりは長い。

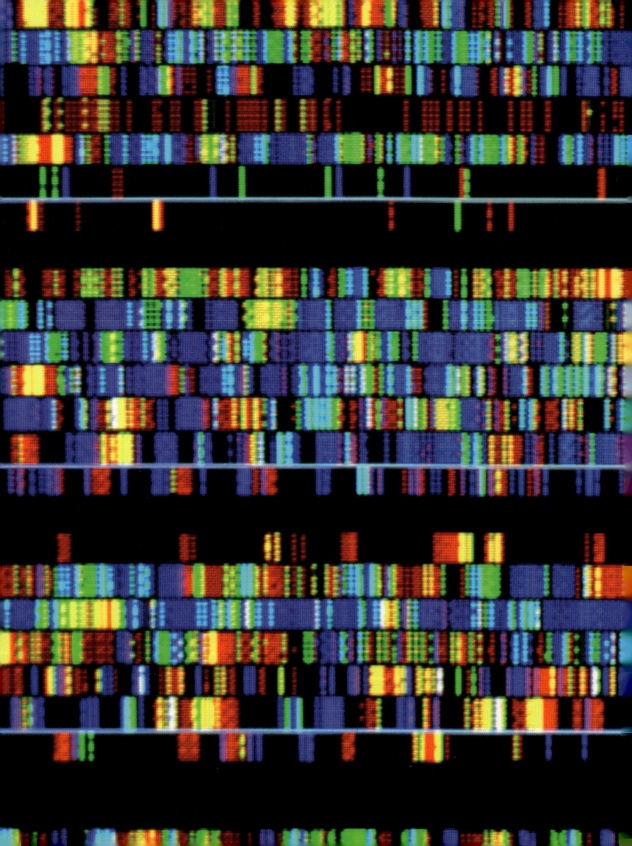

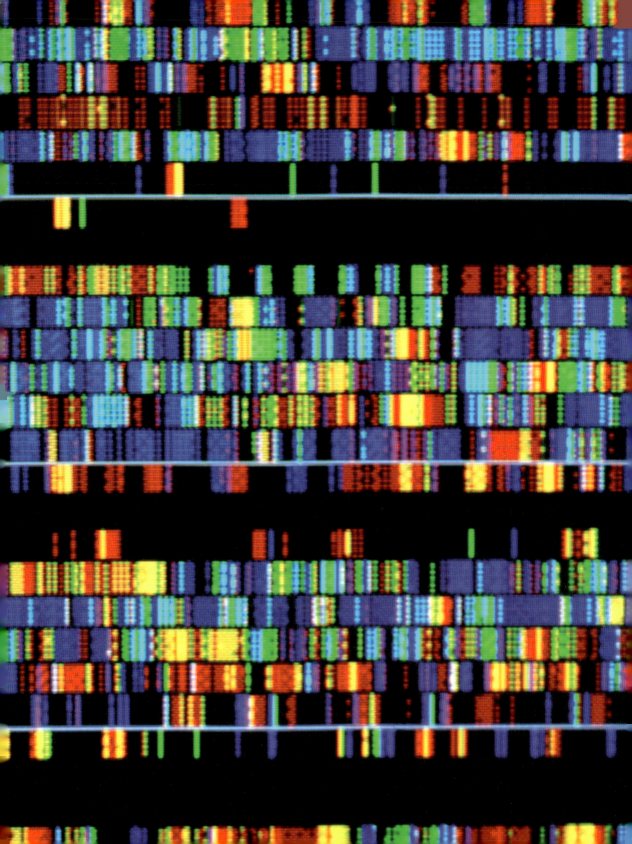

CHAPTER 2
わたしたちの遺伝子の旅

ヒトゲノムの旅は、何十万年も前にアフリカで始まった。とはいえ、わたしたちの家系図は、思っているほど単純ではない。

最もよく知られている進化の図の1つは、画家のルドルフ・ザリンガーが1965年に初期の人類についての本で描いた"進化の行進図"だ。この図は象徴的ではあるが、事実から見て正確ではない。種は何百万年もかけて徐々に進化し、図のようなまっすぐな歩みではなく、何本にも枝分かれしてもつれた系統樹をつくる。人類の歴史と、今日の地球上の多様な生命にも同じことが言える。より大きな括りの同グループに属する近縁種の例はたくさんある。たとえば、ゾウやペンギン、ネコなどにも異なる種がある。ところが、現生人類（「賢い人」を意味するホモ・サピエンスという種）は地球上に存在する唯一の人類だ。それなら、わたしたちはどうやってここにたどり着いたのか？　祖先はどんな姿をしていたのか？　わたしたちの遺伝子にどんな影響を与えたのだろう？

人類——原始時代

　地球上の生命は、約40億年前、ごく単純な単細胞生物として始まった。現生人類の骨に似た最初の化石骨は東アフリカで発見され、約20万年前のものとされている。彼らは解剖学的な現生人類の同種として知られる最古の例だが、唯一のヒト族（hominin）ではなかった。実際には、地球上での人類に似た種の遺伝と進化の旅は、長いうえに複雑だ。

　科学者たちは、これまでに発見された化石に基づき、人類には全体でヒト属（Homo）として知られる主要な数種があると考えている。そこに含まれるのは、ホモ・ハビリス、ホモ・エレクトス、ホモ・ハイデルベルゲンシス、ホモ・ネアンデルターレンシス（ネアンデルタール人）、そしてわたしたち——ホモ・サピエンスだ。南アフリカのライジングスター洞窟で最近発見さ

▼こういう図は、人類の進化について誤解を招く不正確な見かたをさせてしまう。

▲初期の人類は、アフリカ東部で進化し始めたと考えられる。

れた化石骨から、もう1種、ホモ・ナレディもリストに加えるべきではないかと論じられている。とはいえ、これには異論もある。他にもヒト属の化石（多くは数個の骨か断片だけ）が出ているが、これらのグループにはうまく収まらず、独自の身体的または遺伝的特徴を持っている。その一例が、「デニソワ人」と呼ばれるグループに属する指の骨の一部だ。他の興味深い発見としては、フローレス島で見つかった小型の「ホビット」がある（▶36ページのコラム参照）。これらの化石が別の種の存在を示すのか、そして人類の系統樹のどこに収めるのが最善なのかを判断するのは簡単ではなく、人類学者たちは議論を続けている。

　最新の研究によると、最古のヒト科 (hominid) の祖先（▶30ページのコラム参照）は、約1000万年前アフリカに住んでいた類人猿と考えられる。その後700万年のあいだには人類に近づいて、2本足で立ち、ついには単純な石器を使うようになった種もあった。これらの動物には、チンパンジーに似たアルディピテクス（「地上の類人猿」およそ400万〜500万年前に生息）、アウストラロピテクス（「南の類人猿」200万〜450万年前に生息）、パラントロプス（「頑丈型アウストラロピテクス属」とも呼ばれる。およそ100万〜300万年前に生息）が含まれる。そしておよそ250万年前、更新世に、新たな種が現れた——ホモ・ハビリス（器用な人）だ。ホモ・ハビリスが本当にヒト属に含まれるのか、それともアウストラロピテクスに近いのかについては多少の議論があるが、彼らは動物を殺し、皮

CHAPTER 2　わたしたちの遺伝子の旅　27

をはぐのに石器を使っており、そのため当時の他の霊長類より優位に立っていた。

次の大きなグループ（と認識されているもの）は約200万年前に現れた。ホモ・エレクトス（直立する人）はアフリカで進化し、数十万年のあいだホモ・ハビリスと共存していたが、その後、他の土地を求めて大陸を出ていった最初の種となった。彼らは明らかに、とても長いあいだ存在していた——おそらく、ほんの14万年ほど前まで。これらの古代人類の化石は、アジア全域で広く発見されている。彼らは以前のヒト族の種より背が高く、料理に火を使っていたという証拠もある。古すぎてその化石からDNAは採取できなかったので、ホモ・エレクトスが本当にわたしたちの直接の祖先なのかどうかははっきりしていない。

ホモ・エレクトスの次に登場したのは、ホモ・ハイデルベルゲンシスだった。このグループは、1907年に最初の化石が発見されたドイツのハイデルベルクにちなんで名づけられた。ホモ・ハイデルベルゲンシスの一部がアフリカに残り、そこで現生人類への進化の旅を始めたと専門家たちは考えている。他の者たちはヨーロッパへ移動し、ネアンデルタール人に進化して、最終的に約20万年前に絶滅したらしい。世界のさまざまな地域で種は変化し、異なる割合で移動していたので、当時、実際にどんなことが起こっていたのか正しく結論を出すのはむずかしい。それでも、ホモ・ハイデルベルゲンシスが現生人類とネアンデルタール人の最も近い共通祖先であるというのが有力な説だ。ただし、古代のDNAを分析した最近の結果では、そうではない可能性も出てきている。

スペイン北部のアタプエルカ山脈奥地にある"骨の採掘坑"として知られるシマ・デ・ロス・ウエソスでは、少なくとも28体の古代ヒト族の化石骨が見つかり、およそ43万年前のものと考えられている。科学者たちは当初、彼らがホモ・ハイデルベルゲンシスかどうか議論していたが、慎重なDNA分析によって、その子孫である初期のネアンデルタール人の骨と確認された。この発見は、現生人類とネアンデルタール人が分岐した時期が、76万5000年前から55万年前のあいだのどこかだと特定するのにも役立った。つまり、ホモ・ハイデルベルゲンシスはそれよりずっとあとに登場したので共通祖先とは考えづらく、科学者たちはその隙間を埋める別の種を探し始めている。スペインでは、別の近縁種であるヒト属の祖先の化石が発見され、これがミッシングリンクだろうと言われている。しかし、このグループが人類の進化の歴史におけるリンクなのか、複雑さを増す系統樹

▲ホモ・ハビリス（器用な人）。古代の祖先の1種。

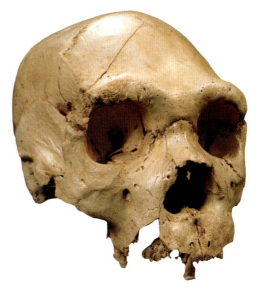

▲スペインで発見された40万年前にさかのぼるホモ・ハイデルベルゲンシスの頭蓋骨。

◀ホモ・エレクトス（直立する人）は、数十万年ものあいだホモ・ハビリスと共存していた。

CHAPTER 2　わたしたちの遺伝子の旅　29

> **ヒト科（hominid）か
> ヒト族（hominin）か？**
>
> 初期の類人猿と人類を異なるグループと種に分類するのは、かなり厄介な作業だ。大まかに言えば、科学者たちは、類人猿とヒトを含む種すべてに"ヒト科"、類人猿とヒトの分岐以降に出現したヒト型の種に"ヒト族"という言葉を使っている。"ヒト"という言葉は、ヒト属（Homo）のあらゆる変種を表すのにも使われるが、"現生人類"はわたしたち、ホモ・サピエンスのことだ。

の側枝にすぎないのかははっきりせず、謎は残されている。

人類にとっての大きな飛躍

　オモ川は、東アフリカの国エチオピアを流れ、ケニア北部のトゥルカナ湖に注いでいる。今日、川は国立公園と野生動物保護区のなかをくねくねと進んでいるが、20万年前、その岸は、現生人類と身体的な特徴が一致する、おそらく最古のヒトの故郷だった。1967年、ケニアの古人類学者リチャード・リーキーのチームは、頭蓋骨2個とその他の骨を発見した。当時利用できた最高の技術によって、それらはおよそ13万年前のものと判明した。当時としては最古の現生人類の化石と思われた。40年後、新たな

▼ホモ・ナレディの化石骨。
最近南アフリカで発見された新種のヒトの祖先。

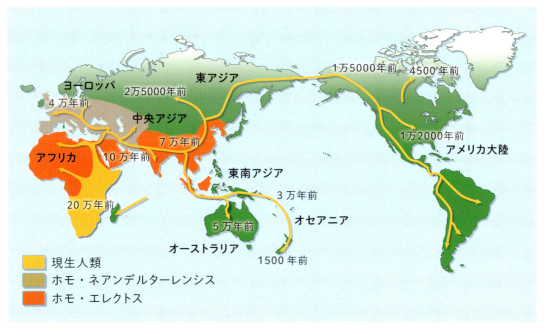

▲初期のヒト属のさまざまな種が、20万年前にアフリカから世界にどのように広がっていったかを示す地図。

年代測定法によって、その時期はおよそ19万5000年前にまでさかのぼった。それらの骨は、多くの点で現生人類と身体的な特徴が似ているが、現代の人類のような行動様式は持っていなかったようだ。原始社会に見られる文化とテクノロジーの確かな証拠は、さらに何万年もたってからようやく現れる。

ヨーロッパとアジアにはネアンデルタール人や他の初期ヒト族が定住していたが、現生人類の祖先は少なくとも10万年間アフリカにとどまっていた。彼らは数を増やし、種として進化と発展を続けた。いくつかのグループはアフリカを離れたのかもしれないが、化石記録や古代のDNAにはその確かな痕跡がほとんど見つからないので、はっきりしたことは言えない。わかっているのは、おそらくその地域の気候条件の変化を受けて、6万〜7万年前に移動を開始したことだ。最初に生じた移動の波で、初期のヒトは中東にたどり着き、次に世界の他の地域に広がっていった（▶上図参照）。それは決して楽な旅ではなかった。自然災害ときびしい天候が、何度も移動集団を絶滅寸前まで追い込んだのかもしれない。今日の世界の人口は約75億人なので、かつて人類が1万人にまで減ったとは想像しにくい。

何が起こったにしろ、わかっているのは、次の3万年ほどでそのホモ・サピエンスの移住者たちは地球上の優占種となり、ネアンデルタール人は絶滅へ向かったことだ。それでも、2つのグループは何千年ものあいだヨーロッパとアジア全域で共存し続け、最近の研究では、以前考えられていたより多くの類似点があることがわかってきた。

CHAPTER 2　わたしたちの遺伝子の旅　31

いとこより近い?

　1856年に初めてその化石が発見された場所、ドイツのネアンデル谷にちなんで名づけられたネアンデルタール人は、30万〜3万年前にかけて生きていた。ヒトの系統樹における彼らの位置づけは多くの科学論争の課題になってきたが、保存されている骨から採取した古代DNAの最近の研究（▶34ページのコラム参照）から、ネアンデルタール人と現生人類の関係が明らかになってきた。

　ネアンデルタール人は、一般に毛深くて眉が太いゴリラのような姿としてメディアや博物館で描写されているが、これは公正とは言えない。皮膚や髪、筋肉などの軟部組織は化石として保存されていないので、彼らの顔や体がどんな様子だったのか、さだかではない。骨格や頭蓋骨によると、ネアンデルタール人は一般に現生人類より背が低くずんぐりしていて、前歯が大きく、眉弓が高く、鼻が幅広い。平均するとホモ・サピエンスより大脳が大きかったとはいえ、脳の大きさと知能に明確な関係はなく、現生人類のほうが賢かった可能性は確かにある。しかし、

ネアンデルタール人は完全に野蛮だったわけではなく、彼らの文化は当時としてはかなり洗練されていた。遺跡発掘によって、彼らが宝石を身に着け、大型動物を捕らえて殺し、料理していたことが明らかになった。

2010年、スウェーデンの遺伝学者スヴァンテ・ペーボのチームは初めて、ネアンデルタール人のおおまかなゲノム塩基配列をまとめた。これは、ネアンデル谷で最初に発見されたネアンデルタール人の骨だけでなく、クロアチア、ロシア、スペインで発見された骨からも標本を採取して行われた。それらのDNAによれば、ネアンデルタール人は茶色の目と、アフリカの祖先より薄い色だが現代のヨーロッパ人ほど薄くはない色の肌で、なかには黄褐色の髪をした者もいた。また、現生人類と同じ形の"FOXP2"

◀ネアンデルタール人は、フランスで発見されたこの墓地遺跡の復元物と似た形で、死者を埋葬していたと考えられている。

遺伝子を持っていたことがわかっている。これは言語に関係する遺伝子で（▶CHAPTER 12参照）、彼らが喉に舌骨と言われる現生人類のものと似た骨を持っていたことを考えると、なんらかの形で言葉を話せたのだろう。

おそらく古代DNAの分析で最も驚くべき結果が出たのは、ネアンデルタール人のゲノムを、世界のさまざまな地域に住む現生人類のDNAと並べてみたときだった。科学者たちは、現生人類の一部のグループに存在する特定のDNAが、ネアンデルタール人のDNAとまったく同じであることに気づいた。アフリカのいくつかの部族を除いて、ほとんどすべての人は少なくともネアンデルタール人のDNAをいくらか持っていることがわかった。一部の人は他の人よりこの祖先の親戚から多くの痕跡を受け継いでいるようだが、平均すると、ヒトゲノムの約1～3パーセントになる。つまり、初期の現生人類は、共存時代にネアンデルタール人と交配

なぜ今もサルがいるのか？

"進化の行進図"（▶26ページ参照）のような絵は、ヒトがサルから進化したという考えを助長し、「もしサルが先祖なら、なぜ今もサルがいるのか？」という疑問も呼び起こす。最近の化石証拠から、初期のヒトと類人猿の分岐は、およそ1300万年前に開始したが、それから数百万年かけて徐々に進んだらしいと科学者たちは考えている。初期の類人猿たちは確かにサルのようだったが、現在目にするチンパンジーとは明確な違いがある。16世紀に移住者たちがアメリカへ行ってからも、ヨーロッパの国々の住人や言語、国境が変わり続けたのと同じように、現生人類は類人猿の祖先から枝分かれした。同様に、現在のチンパンジーやボノボ、ゴリラは彼らの祖先から進化した。

CHAPTER 2 わたしたちの遺伝子の旅 33

していたに違いない。何千年もたつうちに、そのDNAのほとんどはヒトゲノムから失われたが、ネアンデルタール特有のアレル（アレルについては▶87ページを参照）)はゲノムのさまざまな領域で今もかなり広く見られる。たとえば、肌や髪の色、免疫系、血液凝固、食事中の脂肪とでんぷんの分解能力に関わる遺伝子などだ。

こういう遺伝的多様性の多くは、ヨーロッパとアジアで、生命にとって役立つ適応だったのだろう。実際、ネアンデルタール人は現生人類と対抗できるまでに進化していたのだから、異種交配は役立つ遺伝子を獲得する手っ取り早い方法だった。しかし、今日の環境と21世紀の生活様式のせいで、ネアンデルタール人のアレルのいくつかは、じつのところ病気のリスクを増している。その一例は、血液凝固に関わるネアンデルタール人特有のアレルで、現生人類特有のアレルより血液の粘着性を高める。狩猟に出かけて怪我をした人には役立つかもしれないが、今日では動脈に血餅を生じて脳卒中を招く可能性が増してしまう。

ネアンデルタール人から受け継いだ他のDNAは、鬱病のリスク増加と関連づけられている。また、新たな研究では、ネアンデルタール人が現生人類に、子宮頸がんを引き起こすヒトパピローマウイルスの悪性種を感染させたと言われている。興味深いことに、一部のヒトがネアンデルアール人の祖先から受け継いだ2つの遺伝的変化に、ニコチン依存症のリスク増大との関連がある。ネアンデルタール人はタバコを吸わなかったのだから、おそらくそれらの遺伝子には、当時はもっと役立つ目的があったのだろう。

▌ DNA に書き込まれた情報 ▌

祖先の化石骨は数百万年の時を超えて発見されているが、形と大きさを比べるだけでは異なる種が互いにどう関連しているのか判断するのはむずかしい。そういう関係を明らかにする1つの方法は、生物学者が今日生存している種の系統樹を研究するのと同じ方法で、DNAを比較することだ。残念ながら、DNAの化学構造は時とともに分解して、ごく古い化石から抽出して読み取るのは不可能になる。分解の過程で骨が細菌で汚染されたり、現代のヒトや細菌のDNAが紛れ込んだりするのも大きな問題だ。

おそらく古代DNA研究の第一人者は、現在ドイツのライプツィヒのマックス・プランク進化人類学研究所で働いているスヴァンテ・ペーボだろう。ペーボとそのチームは、40万年以上前の骨や歯の化石標本から抽出したDNAを分析できる技術を開発した。最古の現生人類のゲノムは、ロシアで発見された大腿骨から得られ、およそ4万5000年前のものとわかっている。ペーボの研究のおかげで、今では初期のヒトだけでなく、ネアンデルタール人とデニソワ人のゲノムも得られた。それらを互いに、そして世界じゅうの現代人と比較すれば、人類の進化の歴史における複雑な関係を、さらに深く掘り下げられるだろう。

ネアンデルタール人だけではない

現生人類がネアンデルタール人と交配して彼らの遺伝子をいくらか保持していることはわかっているが、最近の研究結果では、その逆も起こっていたことが示されている。アルタイ山脈のシベリア側で発見されたネアンデルタール人女性の足指の骨から抽出したDNAによれば、そのゲノムには現生人類の塩基配列があり、それは彼女が生まれる約5万年前に獲得されたこ

とが明らかになった。この驚くべき発見は、ホモ・サピエンスの主な移動集団がアフリカを出ていく何万年も前に、現生人類とネアンデルタール人が出会って交配していたことを示している。もしかするとこれは、絶滅してしまった初期の勇敢な冒険家たちが唯一残したものなのかもしれない。彼らは旅の途中で交配したネアンデルタール人のDNAに、自分たちの遺産を残していった。さらに、遺伝子解析では、ネアンデルタール人がデニソワ人と交配していたこともわかっている。デニソワ人は、もう1つの絶滅したヒト族の種で、同時代にアルタイ山脈のモンゴル側に住んでいた。

デニソワ人のゲノムには、もっと初期の種の断片があり、もしかするとそれはホモ・エレクトスのかすかな遺伝的名残かもしれない。フィジーやパプアニューギニア、その近隣の島々に住む人々、そしてオーストラリア先住民は、ゲノムに約4パーセントのデニソワ人のDNAを持っている。さらに、現代のチベット人はどういうわけか"EPAS1"と呼ばれるデニソワ人特有のアレルを獲得し、これが高地生活への適応に役立っている。さらに広い視野から見れば、現生人類とネアンデルタール人、その他の種が、おそらく歴史上一度ならず交配していたという明白な事実は、重要な疑問を投げかける。彼らは異なる種なのか、それとも同じ種の2つの"変種"にすぎないのか？　通説では、生物の2つのグループは、交配して生殖能力のある子孫をつくれなければ、別種とされる。ところが、現生人類がネアンデルタール人との交配に成功し

▼人類の進化の系統樹は込み入っている。

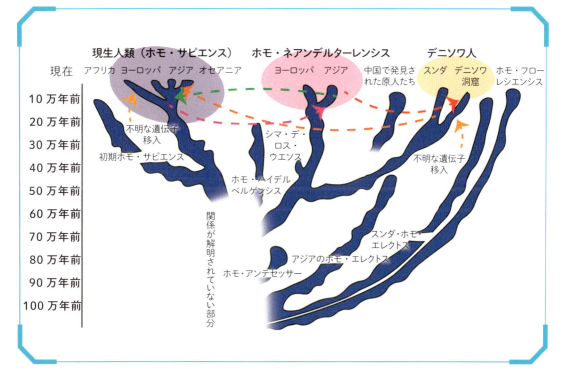

「ホビット」の発見

　2004年、インドネシアの離島フローレス島のリアンブア洞窟で発見された新たなヒト属の化石は、人々の興味をかき立てた。骨は、身長ほんの1メートルの妙に小柄な成人女性のものだった。数年後、さらに複数の個体の骨が発見されると、女性の身長の低さは決して異常ではないことがはっきりした。そこで、この種は公式にはホモ・フローレシエンシスと呼ばれているが、「ホビット」という愛称で知られるようになった。

　研究者のなかには、ホモ・フローレシエンシスは、小柄になるような病気か遺伝形質を持っていた現生人類に近い集団だと考える者もいる。科学者たちはフローレス島の化石からまだDNAを抽出できていないが、骨の研究では、現生人類の直接の祖先ではないことが示されている。可能性としては、彼らは、数十万年前にアフリカからアジアに移動した初期のヒト族の波（おそらくホモ・ハビリスかホモ・エレクトス）から進化し、島に閉じ込められたせいで小柄になったと考えられる。この現象は、"島嶼化"として知られる。ホモ・フローレシエンシスがどこから来たにしろ、彼らはもうフローレス島には住んでおらず、約5万年前に絶滅してしまった。興味深いことに、この時期は、現生人類がこの地域に到着したらしき時期と一致する。研究者たちは現在も、現生人類が実際にその絶滅を招いた証拠を探している。

　フローレス島の人々の発見が示しているのは、まだ発見されていない絶滅したヒトの種が他にもあるかもしれないということだ。とはいえ、いつ、どこにそれが現れるのかを予測するのはむずかしい。化石はたいてい、偶然にしか発見されない。それでも、衛星地図のテクノロジーが候補地を決めるのに役立っており、世界じゅうの鉱業と建設業の活動も、科学者の研究に適した新たな化石の発見につながる可能性が高い。

ているという証拠が、今日のわたしたちのゲノムのなかに見られる。

それにもかかわらず、ネアンデルタール人はおよそ3万年前に絶滅した。原因は誰にもわからないが、学説がいくつかある。1つは、急速な気候変動に関わっている。当時の気温は、10年ほどのあいだに凍えるほどの寒さから心地よい暖かさへ変わることがあった。おそらく初期の現生人類はネアンデルタール人より、そういう環境で生き延びるための装備がよかったのだろう。現生人類のほうが優れた頭脳を持っていたのかもしれない。服や道具、住居をつくる能力などでは、間違いなく高度な技術を持っていた。犬を使った狩猟もできたようなので、あらゆる面で優位に立っていたのかもしれない。現生人類が、自分たちには抵抗力ができた病気をネアンデルタール人にうつした可能性もある。現生人類はネアンデルタール人と交配して遺伝子を交換し合ったものの、それは大規模には起こらなかった。後期のネアンデルタール人のゲノム研究では、関連の集団は小さく、近親交配していて、そのせいで感染症や遺伝病にかかりやすくなっていたことを示している。

現生人類は生き残っているヒト属の唯一の種なので、ネアンデルタール人とデニソワ人を除く他のあらゆる種のうちどれが直接の親族なのか、はっきりとはわからない。興味深いことに、現代人のゲノムには、まだ同定できない絶滅したヒト属の種から受け継がれた"未知の"DNAの痕跡があるらしい。すでにそのグループの化石は見つかっているのかもしれないし、あるいはまったく新しい種なのかもしれない。いくつかの学説では、現生人類は世界の数カ所で進化したとも言われるが、主流になっている"出アフリカ"説を支持する科学的証拠のほうがはる

かに多い。

人類の歴史は単純な進歩でつくられてはいないことが、明らかになっている。種のあいだで共存と交配があり、世界じゅうで絶滅と移動があった。そのすべてに時間が——本当に長い時間がかかっていることも覚えておかなくてはならない。初期の人類は、ある朝目覚めて新しい種になったことに気づいたわけでも、突然何千キロのかなたまで移動したわけでもない。進化と人口移動には何万年、あるいは何十万年もかかり、その途中で存在した種のあいだに、はっきりした境界線は引けない。科学者たちがさらにデータを集め、さらに化石を発見するにつれて、時期や詳細、関係は変わっていくだろう。世界じゅうで、この複雑なパズルのピースがつなぎ合わされ、新たな証拠が明らかになるにつれ、全体像は変化していく。

CHAPTER 3
遺伝子はどんな働きをしている？

遺伝子が細胞のなかにあるレシピならば、次は料理に取りかからなければならない。

料理好きな人なら誰でも知っているように、成功の秘訣は、優れたレシピがあることと、それにきちんと従うことだ。ケーキやパイをつくる代わりに、細胞はDNAのなかにある遺伝子のレシピを使って、タンパク質をこしらえる。タンパク質というと、ステーキの赤身肉や卵の白身を想像するかもしれないが、タンパク質はさまざまな見た目をしていて、体をつくり上げ、その機能を適切に保つ基礎となる分子だ。何十年にも及ぶ研究のおかげで、今では遺伝子がどのように解読され（転写と呼ばれる過程）、細胞がどのようにその遺伝子の指令を受けてタンパク質をつくっているか（翻訳）について、多くのことがわかっている。それを見る前に少し後戻りして、遺伝子がDNAレベルで実際にどんな様子をしているのかを探ってみよう。

まずはじめに注意が必要なのは、本書では"解読"や"解読する"という言葉を、2つの異なる文脈で使っていることだ。1つは、DNAの文字（塩基）配列を解読するという意味で、これはDNAシークエンシングとも呼ばれる。もう1つは、遺伝子にスイッチが入ったとき、細胞内の分子機構が遺伝子を解読するという意味で、これは転写と呼ばれる。また、"文字"という言葉は、A、C、G、Tを表すのにも使われる。これはDNAを構成する4つの化学塩基だ（関連する分子のRNAではA、C、G、Uとなる）。

遺伝子の構造

料理本を開けば、ふつうそれぞれのレシピがどこで始まって終わるのかははっきりしている。たとえばそれは、「材料」という言葉で始

▲食べ物のタンパク質はよく知られているが、細胞にも無数のタンパク質分子が詰め込まれている。

まり、「冷ましてから盛りつけます」で終わるかもしれない。材料のリストを眺めて手順を読めば、だいたいどんな料理か推測できるだろう。生地をつくって、なかにリンゴとスパイスと砂糖を詰めるなら、おいしいアップルパイができ上がる。チョコチップをたくさん入れた甘い生地を麺棒で延ばせば、チョコチップクッキーができるだろう。同じように、多くのヒト遺伝子には特徴的な構造があるので、科学者はそれを見分けて、どんな種類のタンパク質をつくるか調べることができる。これはゲノムアノテーション（注釈づけ）と呼ばれる作業だ。簡単には進まない作業だが、科学者たちはヒトゲノムを構成する何十億個もの塩基対のなかに、候補となる遺伝子を見つけるためのコンピュータープログラムを開発してきた。

あらゆる遺伝子の転写始点には、プロモーターと呼ばれる一連のDNAがある。これは、遺伝子を解読する役割を担った分子機構の着陸台のような働きをしていて、たいてい遺伝子自体の開始部位前にある約250のDNA"文字"からなる。いくつか異なる種類があり、形状がそれぞれ違うので、遺伝子のプロモーターを探し当てるのはときにむずかしい。通常、プロモー

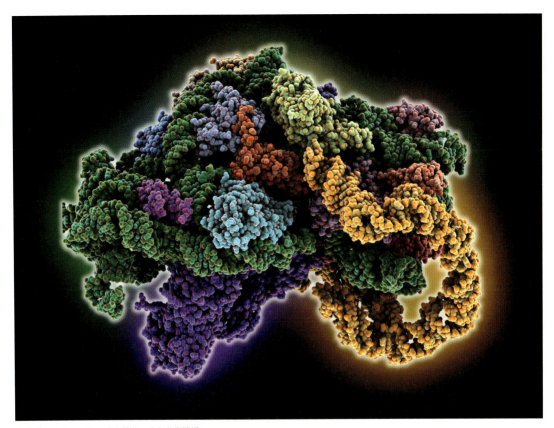

▲リポソーム──タンパク質をつくる分子機構。

ターは、転写因子と呼ばれる分子を引き寄せるいくつかの短い配列からなる。転写因子は、遺伝子解読機構の強化に役立っている。もっと離れた場所にはエンハンサーと呼ばれる別の配列もある。これは、適切な時に適切な場所で遺伝子のスイッチが確実に入るように調整している（▶48ページの図を参照）。

タンパク質をつくる遺伝的レシピを確認するとき、科学者たちは一連のコード（暗号）配列を探す。体細胞のあらゆるタンパク質は、アミノ酸と呼ばれる1本もしくは数本の長く連なった化学成分でできている。DNA塩基（A、C、T、G）の特定の配列が3文字のコードをつくり、3文字の各グループは特定のアミノ酸（▶42ページの表参照）か、またはタンパク質合成の終止信号を表す。終止信号のない、アミノ酸をつくる暗号となる長い連続した3塩基配列（トリプレット）の集合は、特定のDNAに遺伝子が暗号化されていることを見分けるのに役立つ目印だ。タンパク質をコードするレシピの前後には、非翻訳領域（UTR）と呼ばれる短い塩基配列もある。ただし、あらゆる遺伝子がそういう姿をしているとはかぎらないことを覚えておいてほしい。めずらしい構造をしているものもあれば、タンパク質に翻訳されないメッセージを暗号化しているものもある（非コードRNA）。エクソンと言われる多数の下位区分を持つとても大き

暗号（コード）解読

　アメリカの生化学者マーシャル・ニーレンバーグは、遺伝暗号の解読に貢献し、ある種のDNAとRNAの文字の組み合わせがどのように特定のアミノ酸に変換されるのかを明らかにした主要な人物のひとりだった。ニーレンバーグと、その博士課程を修了したドイツの生化学者ハインリヒ・マッセイは、RNAをタンパク質に翻訳するのに必要なすべてを含む"試験管中の細胞"のようなものをつくった。Uの文字の長いひもだけでできたRNAを加えると、その装置はアミノ酸フェニルアラニンの鎖を合成した。ふたりは生命の遺伝的なレシピの"言葉"を初めて解明したのだった。ただし、各アミノ酸を特定するのにいくつの文字が必要なのかはわからなかった。ニーレンバーグや他の科学者たちのさらなる研究で、暗号は3文字の組み合わせでできていることが明らかになり、ついに20種類のアミノ酸すべての暗号が解読された。

な遺伝子もある（▶48ページの図参照）。小さいオープンリーディングフレーム（sORF）と呼ばれる、とても小さな遺伝子もある。

　もう1つ重要なことがある。DNAは2本の鎖からなり、それぞれがはしごの片側を構成している。レゴ®ブロックを組み合わせるときのように、糖、塩基、リン酸のユニットは、一方向にしか適合しない。つまり、二重らせんの各鎖には方向性がある。生物学者たちは左右と言う代わりに、DNAが5'から3'へ進むと言う。2本の鎖は、逆平行と呼ばれる配置で、逆向きに並んでいる。しかも、それぞれの鎖は一方向にしか解読されない。つまり遺伝子は、ゲノム内の別々の場所で、DNAのどちらの鎖においても暗号化されている。同じDNA上で2つの異なる遺伝子が暗号化されることも可能だが、反対側の鎖とは逆方向に解読される。

レシピを読む

　次のステップは、タンパク質をつくるのに遺伝子の指令がどのように使われるかを見ることだ。各細胞のDNAを、料理本がたくさん並んだ閲覧専用の図書館のようなものと考えればわかりやすい。どの細胞にもDNAは1組しかないので、核と呼ばれる細胞の真ん中にある構造内でしっかり保護する必要がある。閲覧専用図書館の外に本を持ち出してはならないのと同じで、DNAが核の外に出ることはない。図書館ではケーキを焼けないし、細胞は核のなかでタンパク質をつくらない。図書館の本からレシピをコピーして家に持ち帰り、キッチンでケーキを焼くように、細胞は遺伝子の情報をコピーし

▼細胞の略図。DNAは核のなかにあるが、タンパク質はリボソームによってつくられ、小胞体のなかで合成される。

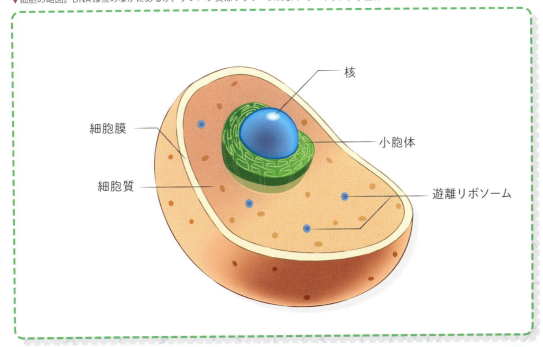

CHAPTER 3　遺伝子はどんな働きをしている？　43

て、核から細胞の主体である細胞質へそれを運び出し、そこでタンパク質の合成に使う。この過程は転写と呼ばれる。

　細胞内の"コピー機"となる分子は、RNAポリメラーゼという酵素で、そのなかでは少なくとも12のタンパク質がともに働いている。転写の過程をスムーズに進め、適切な時に適切な遺伝子のスイッチが入るようにするには、他のいろいろなタンパク質も必要になる。転写の開始には、まずRNAポリメラーゼが遺伝子のプロモーターを認識し、そこに着地しなくてはならない。それを補助するタンパク質は転写因子と呼ばれ、遺伝子の始点近くにあるプロモーターやエンハンサー内の一定のDNA配列に結合する。これらのタンパク質がRNAポリメラーゼを引きつける"着陸台"をつくり、そこから転写が始まる（詳しくは▶CHAPTER 8参照）。

　レシピのコピー作業はさらに複雑になり、

ゆらぎ塩基対

　RNAには、A、C、G、Uが3個1組となる64種類の組み合わせがある（▶42ページの図参照）。そのうち3種類が終止信号として使われているとすれば、理論的には、細胞は20種類のアミノ酸の異なるコドンすべてに対応するため、61種類の転移RNA（tRNA）を必要とする。ところが、ほとんどの生物には45種類ほどしかない。それでも、「ゆらぎ仮説」と呼ばれるもののおかげで、RNAの可能な3塩基の組み合わせはすべて認識できる。この仮説を最初に提唱したのはフランシス・クリックだ。クリックは、tRNAのアンチコドンの3番めの文字が、伝令RNA（mRNA）の3番めの文字と正確に合致しなくてもよいことに気づいた。この位置のUあるいはCは、tRNAのGと対になることもあり、3番めにあるAあるいはGは、Uと対になることもある。また、いくつかのtRNAは、イノシン（I）と呼ばれるまれな文字を含むことがある。これは、RNAコドンの3番めにあるA、U、Cのいずれとも対になれる。

▼DNAは、料理本が並ぶ図書館のようなもの。

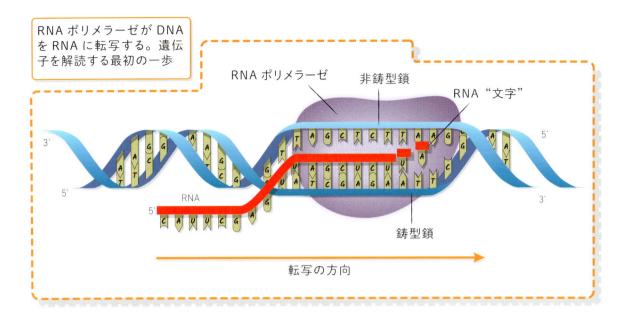

RNAポリメラーゼがDNAをRNAに転写する。遺伝子を解読する最初の一歩

DNAの二重らせんがほどけて、2本の鎖が分かれ、それぞれの塩基対のあいだの弱い結合が解かれる。一方は鋳型（実際の遺伝子のレシピ）になるが、もう一方は無視される。RNAポリメラーゼが、遺伝子に沿って3'から5'の方向に進み、鋳型と対になる伝令RNA（mRNA）と呼ばれる分子をつなぎ合わせる。RNA（リボ核酸）は、1本鎖のDNAにとてもよく似ていて、リボースと呼ばれる糖（DNAの糖デオキシリボースとは違う）、リン酸基、塩基でできている。

重要なのは、RNAポリメラーゼがDNAの鋳型と完全に同じではなく、対になる文字を組み立てるということだ。たとえば、RNAポリメラーゼは、DNAのなかに塩基Gを見つけると、対応するRNA転写でCを配置する。文字が逆でも同じ組み合わせになる。Tを見つけるとAを配置する。しかし鋳型にAが現れると、ポリメラーゼは、Tとよく似ていてわずかに異なる分子ウラシル（U）を使う。つまり、DNAがA、C、G、Tであるのに対し、RNAはA、C、G、Uとなる。

RNAポリメラーゼは遺伝子の終点にたどり着くと、RNAをつくるのをやめ、DNAから離れる。そのあとは、戻ってもう一度その遺伝子を読み、さらにRNAをつくることもあれば、別の遺伝子を見つけて仕事に取りかかることもある。RNA鎖は核のなかに放出されるが、タンパク質合成に使われるまでには、完了しなければならない別の段階がある。

カット＆ペースト、キャップ＆テール

料理のレシピはひと続きの明快な指示だが、ヒト遺伝子のレシピはもっと複雑だ。遺伝子は、タンパク質をコードする情報であるエクソンに、タンパク質をコードしていないDNAのイントロンが組み込まれた形になっている。数行ごとに、意味のわからない文で中断されるレシピを想像してみてほしい。きちんと読めるようにするには、無意味な文をすべて取り除く必

スプライシングが増えると問題も増える

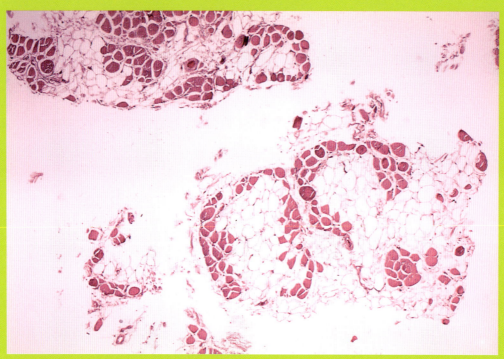

▲この顕微鏡写真が示すように、デュシェンヌ型筋ジストロフィー患者のジストロフィン遺伝子の機能不全は、筋肉組織の崩壊を引き起こす。

伝令RNA（mRNA）の選択的スプライシングは、限られた数の遺伝子からたくさんの異なるタンパク質のレシピを生み出す優れた方法だ。しかし、そこにはリスクもある。スプライシングが起こるはずの場所のDNAや、そこでできたRNA配列になんらかの変化が生じて、不適切なエクソンが誤って除去あるいは追加されたり、アミノ酸を指定しないイントロンが残されたりする場合がある。いくつかの研究によると、病気を引き起こすDNA変異の15～60パーセントは、タンパク質をコードする遺伝子の領域ではなく、スプライシング部分に起こり、それが損傷や破損のあるタンパク質の産生につながっている。

現在までに、エクソンスキッピングと呼ばれる技術で、遺伝病デュシェンヌ型筋ジストロフィー（DMD）を治療するために、スプライシングを操作する巧みな方法が発見されている。筋力が衰えるこの病気を持つ人は、筋肉をつくるのに重要なジストロフィンという遺伝子に機能不全がある。病因的遺伝子のいくつかのアレルは、早すぎる終止信号でRNAをつくり、これが適切に働かない短いジストロフィンに変換されてしまう。そこに特定の小さなDNA断片を加えることで、欠損したエクソンが不要な終止信号とともに切り取られる。これによって、ずっと長いタンパク質がつくられ、失われたジストロフィンを部分的に補えるようになる。エクソンジス51（またはエテプリルセン）という薬を注入するこの治療法は、臨床試験での結果がまちまちで高い費用がかかるが、患者とその家族に希望を与えている。

要があるだろう。似たようなことが、細胞のなかで起こっている。RNAポリメラーゼは、遺伝子を解読するとき、すべてのイントロンとエクソンを含めて、何もかもを転写している。その結果できたRNAから不要なイントロンを取り除き、残ったエクソンを貼り合わせなければならない。

この過程はスプライシングと呼ばれ、スプライソソームというタンパク質の複合体によって行われる。この仕事が開始されるのは、RNAポリメラーゼによるRNA転写と同時、あるいは完了直後だ。スプライソソーム内の一定のタンパク質が、各イントロンの始点と終点にある特定のRNA配列を認識し、両端をつないで輪をつくる。スプライソソームにある残りのタンパク質が切り貼り（カット＆ペースト）を行い、2片のエクソンを貼り合わせて、イントロンをRNAの投げ輪のようにして放出する。

その過程がさらに複雑になるのは、ヒト遺伝子のほとんどすべてには多数のエクソンがあり、それが多様な形で継ぎ合わされているからだ。これは選択的スプライシングと呼ばれる。たとえば、エクソンが6個ある遺伝子を転写し

たRNAには、6個すべてが含まれている場合がある。あるいは、どんなメッセージが必要かによって、2個以上のさまざまな組み合わせが入っている場合もある。こういう形でスプライシングのパターンを切り替えれば、細胞はさまざまに異なるRNAメッセージをつくることができる。それぞれが、わずかに異なるタンパク質をつくるレシピを運んでいるのかもしれない。

体内では10万種類以上のタンパク質がつくられているので、選択的スプライシングは、たった2万個ほどの遺伝子から細胞内でつくられるタンパク質の数を増やす重要な方法と言える。

RNA転写がスプライシングされると、核から出ていき、翻訳され、タンパク質が合成される準備が整うが、その前に2つの異なった過程が生じる。まず、7-メチルグアニル酸という特別な化学物質が追加され、RNAの前端 (5') にキャップが加えられる。これによって、核の外へ運び出す"運搬"分子がRNAを認識する。また、そのおかげでRNAは効率的に翻訳され、細胞のなかで誤って壊れないよう保護される。次に、mRNAのもう一方の端 (3') にテールが加えら

┃ タンパク質か RNA か？ ┃

遺伝子のすべてがタンパク質をコードするわけではない。いくつかはRNAに転写されたあと、RNA自体が細胞に使われる。非コードRNAのなかで最もよく知られている一例は、XIST（イグジスト）と呼ばれる（▶CHAPTER 14参照）。これはX染色体でつくられ、女性の2本のX染色体のうち1本を不活性化する役割を果たしている。また、いくつかの遺伝子はリボソームのRNA成分、転移RNA（tRNA）の生成を指

定する。tRNAは、アミノ酸や他の重要な分子を運んでいる。他にも、多様な種類のRNAを転写するための3種類のRNAポリメラーゼ（RNAポリメラーゼ I、II、III）がある。RNAポリメラーゼIIは、タンパク質をコードする全遺伝子の情報を伝えるmRNAと、一定の非コードRNAを転写し、RNAポリメラーゼIとIIIは、リボソームをつくるRNA、tRNA、その他いくつかの小さなRNAを転写する。

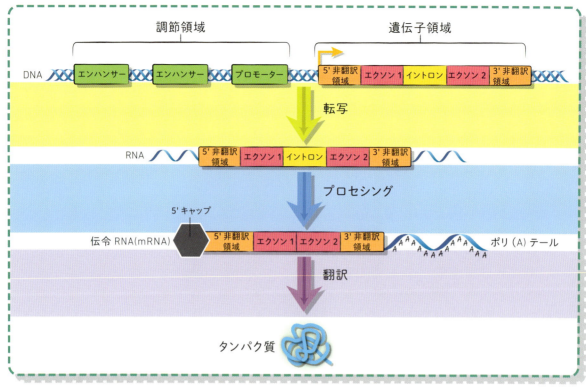

▲ 遺伝子（ひと続きのDNA）がRNAに転写され、それがプロセシングされ翻訳されて、タンパク質がつくられる。

れる。これは約250回反復される塩基Aの長いひもで、ポリ(A)テールと呼ばれ、ポリアデニル酸ポリメラーゼという分子によって設置される。これもmRNAの端が壊れないように保護している。また、タンパク質合成も補助し、翻訳機構がメッセージの端まで到達したという信号にもなる。

こうしてmRNAが完成する。その構成は、5'キャップ、それに続く非翻訳領域、次に多様なエクソンを貼りつけてつくられたコード配列、もう1つの非翻訳領域、最後にポリ(A)テールとなる。これで、核を離れ、細胞のキッチン（細胞質）へ向かう準備が整った。

キッチンへ

1本のmRNAの情報をタンパク質に変換する過程は、翻訳と呼ばれる。細胞の"料理人"になる分子は、タンパク質とRNAがひとかたまりになったリボソームという構造体だ。それぞれのリボソームは、しっかり結びついた2つのサブユニット（1つは大きく、1つは小さい）からできていて、そのあいだをmRNAの鎖が通る。あらゆる細胞のなかに何百万個ものこういう分子が存在し、mRNAの鎖を読んで正しいアミノ酸の基本成分を組み立て、適切なタンパク質をつくる役割を担っている。

これまで見てきたとおり、遺伝暗号（コード）は3つずつの文字の集まりでできている。それぞれの組（トリプレット）はコドンと呼ばれ、各コドンは20種類のアミノ酸の1つに対応するか、またはリボソームにタンパク質合成の終止を命じる信号として働いている（▶42ページ参照）。リボソームはアミノ酸を組み立てるため、転移RNA（tRNA）と呼ばれるアミノ酸運搬分子を細胞質から引き抜く。各種類のtRNAは、特定のアミノ酸1種類に対応し、すべてがアンチコドンと呼ばれる特別なループ構造を持っている。アンチコドンは、そのアミノ酸をつくるコドンと必ず対になる3文字を示す。たとえば、トリプトファンというアミノ酸のアンチコドンはACCであり、セリンというアミノ酸を運ぶtRNAは、AGA、AGG、AGU、AGCのいずれかのコドンを読むアンチコドンを持つ可能性がある。

　あらゆるmRNAの始点には非翻訳領域があり、ここはタンパク質に変換されない。だから、リボソームの最初の仕事は（mRNAを捕らえたあと）、実際のレシピがどこから始まるのかを知ることだ。リボソームはRNAをスキャンして、アミノ酸メチオニンのコードであるAUGの3文字を探す。理由はまだわからないが、ヒト細胞のあらゆるタンパク質はこの構成単位から始まる。リボソームはメチオニンを運

▼タンパク質はリボソームという分子の"シェフ"に料理される。

CHAPTER 3　遺伝子はどんな働きをしている？　49

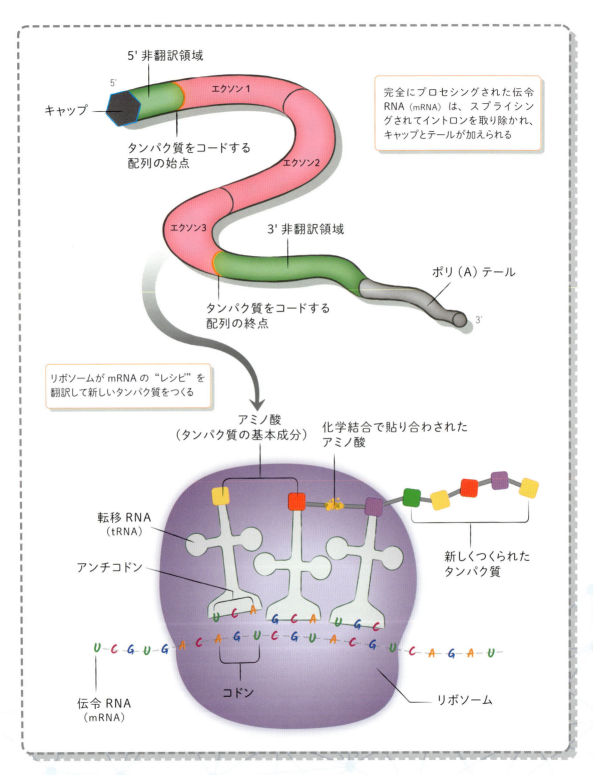

RNA も編集される

RNAに加えられる可能性がある修正は、スプライシング、キャップとテールの追加だけではない。現在では、個々の文字が変わる場合もあることがわかっている。この現象はRNAエディティング（編集）として知られている。たいていは、mRNAのAがI（イノシン）に置換される。多くの事例で、これがタンパク質をコードする配列の重要な部分を変えることがわかってきた。また、多くのヒトmRNAのあちこちで、さらに幅広いエディティングが起こっているらしい。研究結果によると、誤ったエディティングは運動ニューロン疾患（ALS、ルー・ゲーリック病としても知られる）などの病気にも関わっている。さらに、エディティングを引き起こす酵素ADARの活動の変化は、がんやウイルス感染、神経障害、自己免疫疾患、その他多くの深刻な病気に連関している。

ぶtRNAを捕らえ、しっかりつかみながら、次の3文字のコドンを探し、そのtRNAとアミノ酸を引き入れる。この2つの構成単位が結びつき、その過程が続くにつれて、タンパク質の鎖が延びていく。そして3つの終止コドンの1つに出会うと、タンパク質とRNAを放出する。

mRNAは、読み取られたあと、別のリボソームに再利用されて同じタンパク質をつくることもあれば、ときに分解することもある。新しくつくられたタンパク質は、たいていは特別なシャペロンタンパク質の助けを借りて適切な形に折りたたまれていくが、ときどきなんらかの形で変更を加えられもする。糖分子の鎖が貼りついた（グリコシル化）タンパク質もあれば、脂肪分子や小さな化学物質の"タグ"を受け取るタンパク質もある。

多くのリボソームは細胞質のなかで自由に浮遊し、細胞内で使われるタンパク質を大量につくっている。小胞体（ER）と呼ばれる膜のひだに埋め込まれ、細胞外に分泌されるタンパク質をつくるものもある。埋め込まれたリボソームが新しくつくったタンパク質は、ER内に押し出され、そこで折りたたまれ、変更を加えられ、小胞と呼ばれる小さな袋に収められてから、送り出される。

この章では、遺伝子とは何か、それがどう働くのかについての基本を見てきた。次章では、DNAが細胞内でどんなふうに複製され、有害な（あるいはむしろ有益な）間違いがどんなふうに入り込むのかについて、さらに詳しく検討しよう。

CHAPTER 4
ダメージの修復

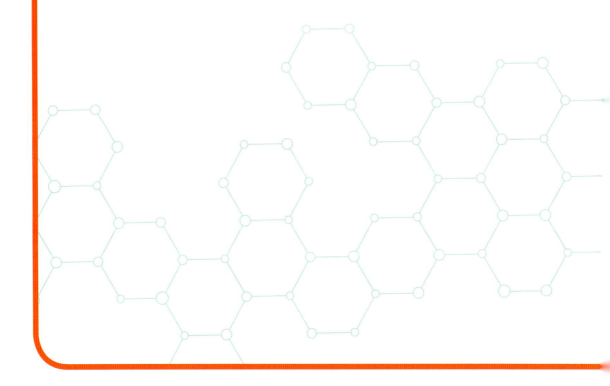

ヒトのDNAは、細胞分裂の際に間違いが入り込むせいで、絶えず損傷を受けている。幸いにも、体には修理を専門とするたくさんの分子がある。

毎日毎分、ヒトの体は無数の新しい細胞をつくっている。たとえば、腸、血液、皮膚など、絶えず自己修復している組織で、それは起こっている。新しい細胞は、1つの細胞が2つに分裂してつくられる。これを成しとげるには、DNAや細胞内にある他の重要な構造すべてを複製してから、2つの「娘細胞」に分かれなければならない。このプロセスは決して単純ではないので、間違いがたやすく入り込む。DNAは常に、体内での生命過程、それに化学物質や放射線などの外部要因や環境要因からの攻撃にさらされている。間違いや損傷をできるだけ早く見つけて修復することがとても重要になる。さもないと、DNAでの間違いが、がんなどの命に関わる病気を招くことにもなる。

複製し続ける細胞

ヒトの細胞が分裂するたびに、細胞にある46本の染色体すべてが、他の全物質とともに複製される必要がある。単純そうだが、細胞周期と呼ばれるこの過程は、細胞が分裂する前にそれぞれの染色体がたった一度で完ぺきかつ正確にコピーされるよう、入念に制御されなければならない。

細胞周期は、4つの区間とチェックポイントからなるサーキットを一方向に回る輪に似ている。最初の区間はギャップ1期（G1期）と呼ばれる。ここで細胞は、新しい細胞が持つべき染色体以外の重要な分子と構造のすべてをコピーし始める。これが終わると、細胞は最初のチェックポイントにたどり着いて、次の段階に進む準

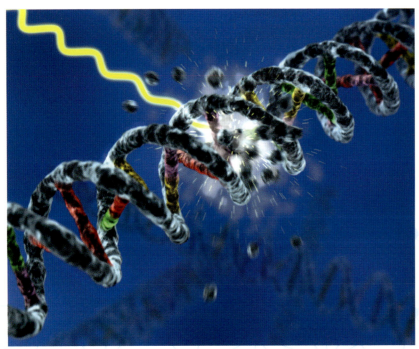

◀ ヒトのDNAは絶えず攻撃にさらされている。

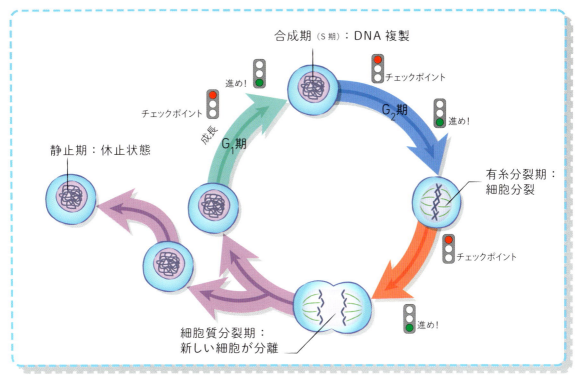

▲新しい細胞は、細胞周期と呼ばれる過程で、1つの細胞が2つに分裂してつくられる。

備がすべて整ったかどうかを確認する。

　第2区間は合成期（S期）で、細胞にあるDNAのあらゆる部分がコピーされる。DNAポリメラーゼと呼ばれるタンパク質複合体の仕事だ。これがDNAらせんの2本の鎖を引きはがして、その部分に沿って動き、AとT、CとGを対にして、それぞれの鎖に合致する新しい鎖をつくる。

　けれどもDNAポリメラーゼは、DNA鎖に沿って一定の方向、3'から5'（▶CHAPTER 3参照）にのみ働いて、向かい合う配列を持つ新しい鎖を組み立てる。つまり、DNAの片方の鎖（リーディング鎖）だけが、5'から3'への連続的な途切れない1本の線としてコピーされる。もう片方の鎖（ラギング鎖）は、弧を描くように、短い断片としてコピーされ、特別な酵素でつなぎ合わされる。

　DNAの複製は、ゲノム内の、複製起点と呼ばれる何万もの場所で始まる。細胞がDNAをコピーし始めると、各細胞内で3万から5万の起点が活性化する。異なる種類の細胞は、異なるタイミングで特定の複製起点からDNAをコピーし始める。その理由やしくみはまだ明らかではないが、おそらく細胞の遺伝子活性の特定パターンと、DNAの組成に関連しているようだ。

　S期の終わりで、細胞は次のチェックポイントにたどり着き、DNAのあらゆる部分が正確にコピーされたかどうかを確かめる。次に、も

CHAPTER 4　ダメージの修復　55

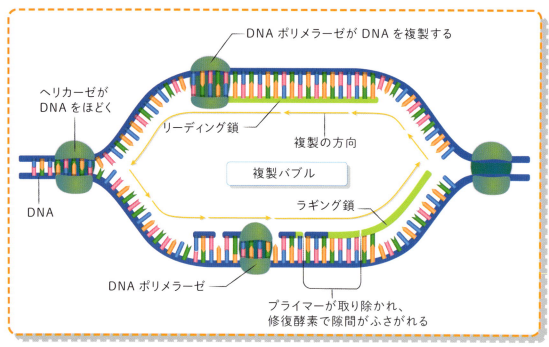

▲DNAポリメラーゼによるDNAの複製。複製バブルと呼ばれる膨らみができる。

う1つのギャップ2期(G2期)が始まる。ここでは、細胞が急速に成長を続け、大きくなり、新たな娘細胞になるためにたくさんのタンパク質がつくられる。通らなければならないチェックポイントがもう1つある。細胞はここで、DNAのどこにも損傷がないことを確かめる。G1期、S期、G2期は、まとめて間期と呼ばれる。最後の区間は有糸分裂期だ。この時点までには、あらゆる染色体は、ボウル1杯の絡み合った麺のように、核のなかに詰め込まれた長いDNAのひもになっている。ここで、新しくコピーされた各染色体が、ひとりでにねじれ始め、何回もぐるぐる巻きになって、染色分体と呼ばれる、ぎっしり中身が詰まったソーセージのような形をつくる。重要なのは、各染色体の2つのコピーは密着していて、セントロメアと呼ばれる構造によって中央で結ばれていることだ。各組は「姉妹染色分体」と呼ばれ、2つが合わさって、染色体の図によく用いられる典型的なX形を形づくっている。

次に、姉妹染色分体は細胞の中央に沿って並び、セントロメアによって紡錘体と呼ばれる複雑な配列の分子の"足場"に結びつく。この時点までに、核周囲の膜は消失しているので、染色体は自由に動き回って組成されていく。細胞は最後の一連のチェックを通り抜け、正しい数の染色体があって各染色分体がしっかり結びついていることを確認する。

最後に、紡錘体が染色分体を引っぱり、対になった姉妹の一方を細胞の反対側へ引き寄せる。細胞膜が、中央に残された裂け目を閉じ、分離したDNAのセットを密封して、2つの新

しい娘細胞にする。染色体はほどけて、核が
ふたたびつくられ、細胞周期がまたG1期から
始まる。ヒト細胞の場合、1周期にはおよそ24
時間かかり、G1期が約11時間、S期が8時間、
G2期が4時間続き、有糸分裂期はほんの1時間
ほどで完了する。ただし、細胞は必ずしも常に
増殖しているわけではない。常に増殖している
のは、体内組織のほとんどに含まれている特殊
化した幹細胞だろう。幹細胞は分裂し続け、新
しい幹細胞や非分裂細胞をつくる。細胞周期か
ら外れた細胞は、静止期（G0期）と呼ばれる休
止状態に入る。

遺伝子と生殖細胞

　人体のほぼすべての細胞は有糸分裂でつくら
れるが、1つ重要な例外がある。卵子と精子、
専門用語では配偶子と呼ばれるものだ。この細
胞は異例で、単数体と呼ばれ、通常の二倍体の
体細胞に比べるとDNA量が半分しかない。配
偶子は、対になった染色体の一方ずつしか持
たず、卵子と精子が受精時に結合して初めて、
23対のひと揃いができ上がる。発生のごく初
期に、高度に特殊化された生殖細胞からつくら
れる。

　配偶子は、減数分裂と呼ばれる、やや異なる
タイプの細胞分裂の過程で形づくられる。始
まりは有糸分裂と同じで、細胞内のあらゆる
DNAがコピーされ、染色体は凝縮して、2つ
の姉妹染色分体からなる特徴的なX形をとる。
ただし、コピーされたすべての染色体が細胞の
中央に1列に並ぶ代わりに、減数分裂では各染
色体が片割れを見つけて一緒に並ぶ。つまり、
1番染色体はもう1つの1番染色体と、2番染色
体はもう1つの2番染色体というふうに対をつ
くる。細胞が分裂すると、各対の一方がそれぞ

ねじれる染色体

　染色体は、小さな空間に詰め込まれた長くねじ
れたDNA鎖でできていて、簡単に絡まってしま
う。これがDNA複製と細胞分裂に重大な問題を
起こすことがある。また、解読されコピーされる
ためにほどけたDNAは、染色体に沿ってねじれ
すぎてしまうことがある。この混乱を収拾する
ため、細胞はトポイソメラーゼと呼ばれる酵素
を使う。この酵素には、I型とII型の2種類があ
る。I型トポイソメラーゼはDNAらせんの鎖を
1本だけ切断して、ねじれすぎたDNAのひずみ
を緩和するのに使われ、II型トポイソメラーゼは
鎖を2本とも切断してさらに入り組んだもつれを
解く。抗がん剤には、トポイソメラーゼを阻害す
ることで働くものがある。腫瘍細胞のDNAがど
うにもならないほど絡まり、増殖し続けられなく
なって死ぬからだ。

れの新しい細胞に入っていく。対のそれぞれは
もとは母親か父親の一方から来たものだが、新
しい細胞は、母親の染色体と父親の染色体を任
意に組み合わせたものを受け取る。各染色体は
すでに複製されているので、各細胞にはまだ多
すぎるDNAが入っており、もう1回細胞分裂
が起こることで、姉妹染色分体が分離される。
こうして最終的に、4つでひと揃いの配偶子が
つくられる。それぞれは通常の体細胞と比べる
と半分量のDNAを持つことになる（▶59ページ
参照）。

　減数分裂における染色体対の混ざり合いと再
符号は、次世代の遺伝的な多様性を増し、遺伝
子の新たな組み合わせをつくる重要な方法だ。
ここにはもう1つ技がある。染色体対は、減数
分裂の第1段階で一緒に並ぶとき、互いに絡み
合う。分離するとき、DNAのもつれた部分が

切れてからふたたび貼り合わされる。切れた染色体はときに、相方のDNAの同じ部分を使って修復される。「乗換え（交差）」あるいは「組換え」と呼ばれるこのような配列の交換によって、まったく新しい染色体ができ、それが次世代に伝えられる。乗換えはたいてい、比較的大きな"かたまり"で起こるので、染色体上で隣り合う遺伝子は、遠く離れた配列よりも、減数分裂のあいだ離れずに一緒に子孫に伝えられる可能性が高い。この観察結果は、20世紀初頭、ショウジョウバエで最初の染色体地図をつくるのに利用された。またこれは、あるタイプの形質が、なぜ必ず一緒に受け継がれるのかを説明している。この現象は連鎖と呼ばれる。

　乗換えは、問題をきたすこともある。女性の卵細胞は発生のごく初期に生殖細胞からつくられるが、精子は男性が思春期に入ったときから継続してつくられる。じつは、あなたが生まれるもとになった卵細胞は、あなたの母親がそのまた母親の子宮にいたときに減数分裂の第1段階に入っていたのだ。これらの細胞は、染色体がコピーされて対になり、もつれて組み換えられたあと休眠状態になっている。分裂の最終段階が引き起こされるのは、女性が排卵し、受精する（またはしない）卵子を放出するときだ。あまりに長いあいだもつれた状態で保持されているので、特に小さい染色体の場合、染色体の対がうまく分かれにくいことがある。ときには、染色体の余分なコピーが1本加わった卵子ができる。こういう卵子が受精すると、その染色体を3本持つことになり、ダウン症候群などが生じる可能性がある。

　ダウン症候群は、21番染色体の1本が余分にあることで起こる。子どもへの影響がわりに軽く、人生を満喫し高い機能を持つ大人に成長することもあるが、重度の障害や健康問題を抱える場合や、母親が流産してしまうこともある。最近、ダウン症候群やその他の染色体異常に起因する症候群について、精度を増した検査が妊娠中に可能になった（▶CHAPTER 5参照）。

▶生殖細胞（卵子または精子をつくる細胞）は減数分裂という特別な細胞分裂によってつくられる。

▍細胞周期 ▍

　細胞周期のさまざまな段階は、サイクリンおよびサイクリン依存性キナーゼ（CDK）という2つのタンパク質に制御されている。イギリスの科学者ポール・ナースとティモシー・ハント、アメリカの研究者リーランド・ハートウェルが、共同研究で発見した。3人全員が、この発見によって2001年のノーベル生理学・医学賞を受賞した。ハントは、ウニの胚の研究中、胚細胞が分裂し始めるとき、あるタンパク質が規則正しくリズミカルなパターンでつくられ壊されることに気づいた。ハントはこの新しい分子をサイクリンと呼んだ。同じころナースは、異常に小さいかまったく成長できないせいで分裂に問題がある奇妙な姿の酵母細胞を調べていた。これらは、欠陥のあるCDK遺伝子を持つことがわかった。ヒト細胞には数種類のサイクリンとCDKがあり、サイクリンとCDKの異なる組み合わせが、細胞を動かして細胞周期の分子チェックポイントを通過させ、次の段階へ進ませている。これらの分子は、植物からパンダまで、核を持つあらゆる生細胞（真核生物）のあいだでとてもよく似ていて、最初期の生物の一部にまでさかのぼるシステムになっている。

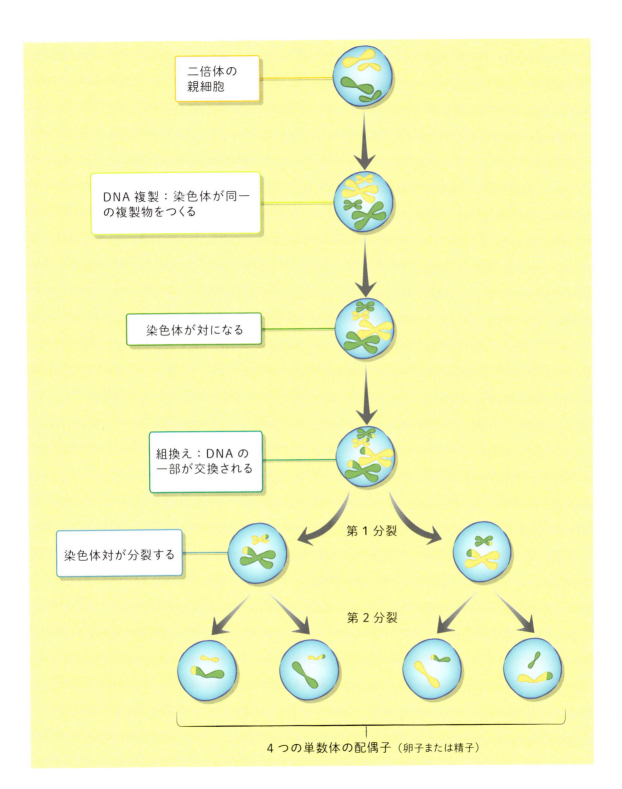

危険！ 前方にDNA損傷が

　ヒトゲノムは細胞のためにレシピ集として働くので、間違い（変異と呼ばれる）が入り込まないようにすることが重要になる。無用らしき非コードDNAに変更が加わっても問題はないかもしれないが、遺伝的指令に大きな影響を与える変化もある。それは、タイプミスのような単純なものかもしれない。たとえば、"liquidize（液化する）"という単語のzがsに変わっても、綴りが異なるだけで意味は同じなので、レシピに大きな違いはない。しかし、"tomatoes（トマト）"という単語の文字が2つ変われば"potatoes（じゃがいも）"というまったく違う材料になり、トマトが必要なレシピに大変な影響が及ぶ可能性がある。さらに、単語やページ全体が飛ばされたり交じり合ったりするに等しい、もっと重大な間違いもある。

　DNAに間違いがあると、問題が起こる。細胞がレシピを正しく理解できなくなってしまうからだ。ときには、細胞がするべき仕事をせず、タンパク質を正しくつくらないこともある。もっと深刻な状況では、細胞周期の制御に必要な遺伝子が変化してしまい、細胞が制御不能な増殖を始め、がんを引き起こす可能性がある（▶CHAPTER 16参照）。ただし、すべての間違いが有害なわけではない。変異のなかには、人に利益を与え、環境への適応を助ける好ましい変化を起こすものもある。もしそれらが次世代に伝われば、時とともにさまざまな種を形づくり変えていくだろう。これが自然選択の基本——進化の礎だ。

　間違いは多くの異なるやりかたでDNAに入り込む可能性があり、細胞内の基礎的な生命の営みから始まる問題もある。DNAポリメラーゼは、細胞分裂の際、とても正確にDNAをコピーするが、それでも完ぺきではない。ときに

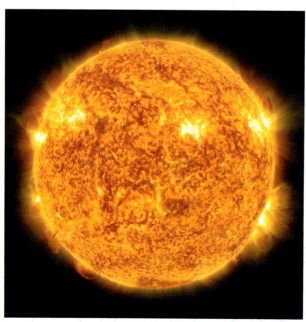

◀太陽からの紫外線は、DNAを傷つけて皮膚がんを引き起こす可能性がある。

ヘイフリック限界

1960年代前半、アメリカの生物学者レオナード・ヘイフリックは、実験室で培養している細胞が分裂を止めて最終的に死ぬまでに、一定の回数しか（たいてい50～70回の分裂）増殖できないことに気づいた。このいわゆるヘイフリック限界が起こるのは、DNAと、各染色体の両端にあるテロメアと呼ばれるタンパク質の"キャップ"が、細胞分裂のたびにどんどん短くなるからだ。テロメアは、靴ひもの両端にあるプラスチックのキャップのように、染色体の両端が削れたり誤って結びついたりするのを防いでいる。幹細胞など、継続的に成長し分裂する必要のある細胞は、テロメラーゼという酵素のスイッチを入れる。この酵素は、テロメアを適切な長さに再生させることができる。テロメラーゼは通常の細胞ではスイッチが切られているので、テロメアが短くなりすぎると、細胞は成長を止めて、アポトーシスと呼ばれる一種の"自殺"過程を始動させる。これは、細胞が不必要に増殖するのを防ぎ、がんから身を守るのに役立っている。しかし、多くのがん細胞は自身のテロメラーゼを再活性化させ、際限なく増殖し続けることができる。

は文字を間違えて入れてしまい、DNAの一部を誤って繰り返したり飛ばしたりもする。変異のもう1つの大きな原因として、フリーラジカルが引き起こす損傷がある。フリーラジカルとは、細胞のエネルギー発生過程の副産物としてできた高活性酸素分子だ。

損傷のさらなる原因は、体外にもある。ほとんどの人は、喫煙が肺がんを引き起こすという知識を持っているだろう。タバコを燃やすことで生まれる化学物質が、肺の細胞に入ってDNAを傷つける。大気汚染物質でも同様のことが起こる。日光からの紫外線（UV）は、隣り合う2つのDNA文字（2つのTあるいは2つの

C）を貼り合わせてしまう。きちんと修復されないと変異を招くことがあり、これが皮膚がんの有力な原因となる。X線も、DNA損傷の原因となる放射線で、DNA鎖の切断を引き起こす。さまざまな工業からの、あるいは自然から生じる分子も、変異を招くことがある。赤身肉やアルコールなど、ある種の飲食物さえ、胃、腸、食道のDNAを傷つけ、がん発生のリスクを高めることがある。今では新しいDNAシークエンシング技術のおかげで科学者たちは、腫瘍と健康な細胞から採取したゲノムを調べて、どのDNAが損傷したのかを確かめられるようになった。ある種の損傷の原因は、独自のパターンを持つ特徴的な"傷跡"をゲノムに残すことがわかっている。このテクノロジーはまだ初期段階にあるが、いずれ研究者は、がんの特定の原因に狙いを定められるようになるだろう。

幸いにも、DNA損傷のなかには防止できるものがある。喫煙をやめ、健康的な食事をとり、安全に日光浴を楽しみ、アルコール摂取を減らす。これらはすべて、有害物質にさらされる機会を減らすよい方法だ。しかし残念ながら、危険のなかには避けるのがとてもむずかしい、あるいはまったく不可能なものもある。たとえば、フリーラジカルはきわめて有害であっても、人間は酸素に頼って生きざるをえない。DNA損傷を防ぐために、呼吸を止めるわけにもいかない。けれど明るい面を見れば、細胞には絶えず問題に目を光らせている修復チームが手近に備わっている。

遺伝子の修復チーム

DNA損傷は二重らせんの形を変えてしまい、異常を示す信号として働く。細胞核をパトロールしているタンパク質が、すべてが順調かどう

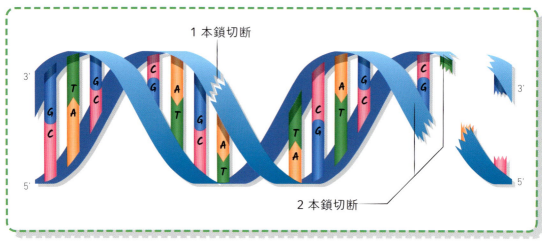

▲ 1本鎖および2本鎖切断は、よくある2種類のDNA損傷。

かをチェックして、変化を見つける。ある種の損傷が、RNAとDNAポリメラーゼをさえぎって、遺伝子転写やDNA複製に影響を及ぼすこともある。これは、細胞修復チームにとって、誤りがあるというもう1つの危険信号になる。DNA損傷に反応する主要な分子に、"ゲノムの守護者"とも呼ばれる"p53"というタンパク質がある。損傷が見つかると、その重大度によって、p53が細胞に3つの選択肢のどれかを命じる。可能なら損傷を修復するか、増殖をやめて老化期に入る（分裂をやめる）か、それとも死ぬか。じつは、日焼けで皮がむけるのは、皮膚がんを防ぐため、紫外線でひどく損傷した細胞を死なせるp53の働きだ。

DNA損傷にはいくつかの種類があり、それぞれが異なる分子修復チームによって修復される。ともに働いて、警告を発し、遺伝子の間違いを直すタンパク質の集まりだ。DNA二重らせんの鎖が2本とも切れるのは2本鎖切断、1本だけ切れるのは1本鎖切断と呼ばれる。1本だけの場合は、残った無傷のDNA鎖が、失われた部分を埋める手引きとしてたやすく使える。2本鎖切断はもっと直しにくく、2つの異なる方法で継ぎはぎされる。最も的確なのは相同組換えで、これは各染色体に相同の対があることで可能になる。修復機構が、壊れた染色体と染色体対の相方とを並べ、それを鋳型として使って隙間を修復する。これができない場合は、別の1組の修復タンパク質が、非相同末端結合と呼ばれる手順を通じて2つの端を単純につなぎ合わせる。2本鎖切断を1つ修復するだけなら問題はない。しかし、核内に他のDNA断片がある場合、誤った部位が貼り合わされて、重大な遺伝的変化を招くリスクがある。

また、いくつかの変異は、DNA文字の適合しない対（たとえば、Cの対としてGではなくAを組み合わせるなど）をつくってしまうことがあり、それも見つけられ直される。しかし修復分子は、どちらが正しい文字なのかを見極める必要がある。この場合は、AをGに置き換えれば不適合を修復できるが、CをTと置き換えることもできる。正しいのはどちらか一方だけだろう。場合によっては、1文字が置き換わっても問題にならないかもしれないが、もしそ

◀アンジェリーナ・ジョリーには、BRCA1遺伝子にがんを引き起こす変異がある。

れが遺伝子の不可欠な部位や制御領域にある場合、きわめて深刻な結果になることもある。

　DNA修復は、健康的な生活にとって絶対に欠かせない。修復システムがまったくなければ、遺伝子はごく短期間でどうにもならないほど損傷し、混乱し、たとえ出生できたとしてもその後長く生きられる可能性は低いだろう。修復チームの1つの構成要素に問題が起こっただけでも健康に大きな影響を与えることがある。たとえば、ある分子はDNAの1文字違いの修復に関わっていて、その分子をコードしている遺伝子に機能不全があると、老化と敏感肌を加速することがある。p53に機能不全がある人は、数種類のがんを発症するリスクがかなり高くなる。この疾患はリー・フラウメニ症候群と呼ばれる。

　乳がん遺伝子と言われる"BRCA1"と"BRCA2"も、DNA損傷の修復に関わっている。どちらかの損傷した遺伝子を受け継ぐと、女性では乳がんと卵巣がん、男性では乳がんと前立腺がんのリスクが高まる。2013年、女優のアンジェリーナ・ジョリーは、BRCA1に機能不全があることを知って、乳がん発症の可能性を減らすために乳房切除術を受けたことを発表し、大きなニュースになった。一般的には、どんな人で

携帯電話ががんの原因になる？

　ある種の高エネルギー放射線（X線と太陽からの紫外線を含む）がDNAを損傷し、がんの原因になることはわかっている。携帯電話や電波塔から発せられる信号も、がん、特に脳腫瘍の原因になるのではないかと懸念する人もいる。幸いにも、関連する周波数の種類はDNAを損傷するにはエネルギーが低すぎ、電波塔や基地局からの電波はさらに弱い。数十万人に対する大規模研究でも、携帯電話の使用と、脳腫瘍を含むあらゆる種類のがんとの一貫した再現性のある強い関連は見られなかった。携帯電話が広く使用されるようになった何十年かで、がんの発生が有意に増えることもなかった。とはいえ、あらゆる関連性を完全に排除するのはむずかしく、現在さらに詳しい大規模な研究が行われている。たとえば、ヨーロッパのCOSMOS試験では、29万人の携帯電話利用者を最長30年間追跡している。携帯電話に関するかぎり、最も深刻な健康上のリスクは、絶えず電話に気を散らされているせいで起こる事故に関連しているようだ。

もがん発症のリスクは年齢とともに上がる。体の修復機構は不完全で、細胞が適切に機能する能力や環境の変化への対応能力に影響する間違いをそのままにしてしまう。これが老化を進めるおもな要因になりうる。細胞にDNA修復遺伝子の間違いが加われば、さらに変異が蓄積して、腫瘍の増殖をあおる可能性が高まる。

　ここまでで、DNAがどのように複製され、損傷し、修復され、どのような変異と変化が入り込む可能性があるのかがわかった。次章では科学者がどのように遺伝子を研究し、それが人体と健康について何を明かしてくれるのかを見てみよう。

CHAPTER 4　ダメージの修復　63

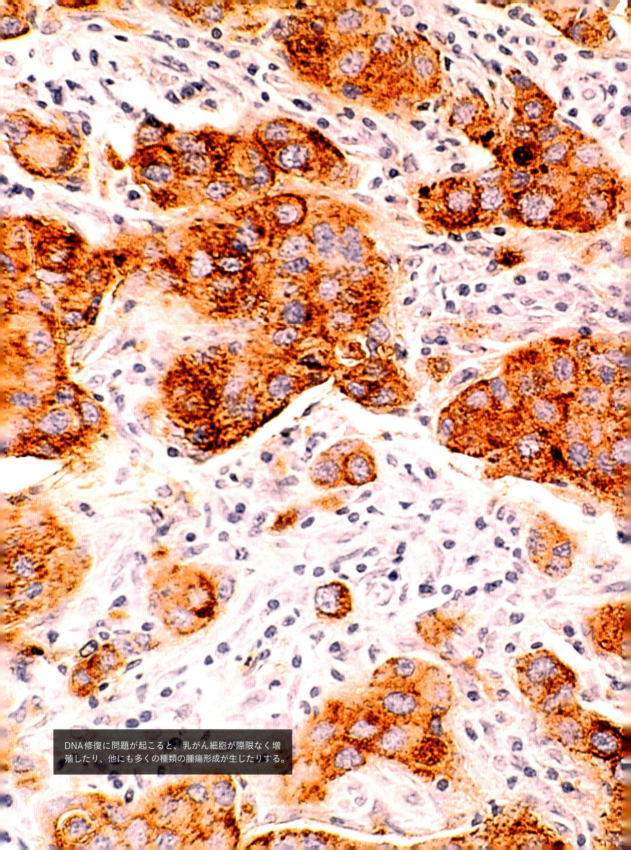

DNA修復に問題が起こると、乳がん細胞が際限なく増殖したり、他にも多くの種類の腫瘍形成が生じたりする。

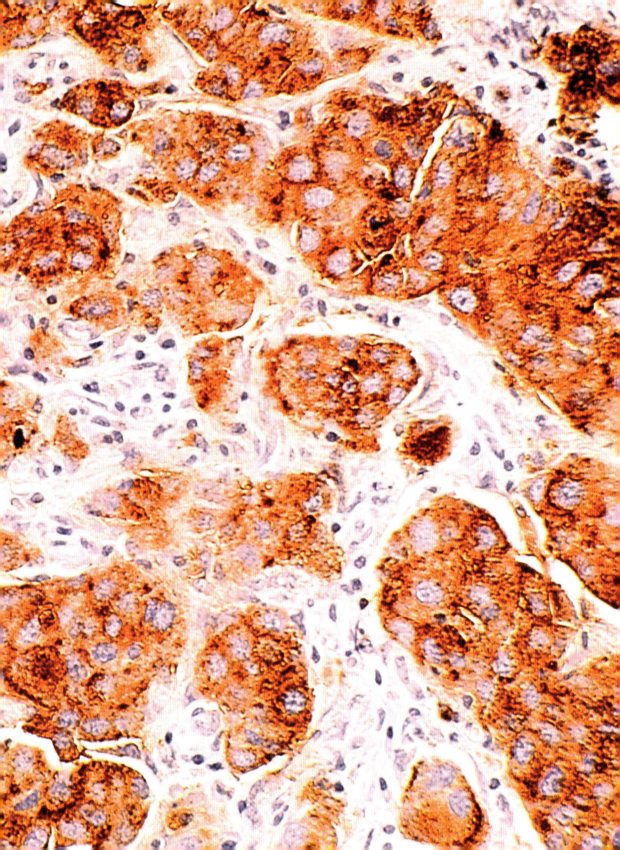

CHAPTER 5
あなたは何者?

系統樹からアルツハイマー病のリスク、指紋から科学捜査まで、科学者は遺伝子に隠された情報をどうやって探り出しているのか？

みなさんもテレビの犯罪番組で、科学者が縞模様のX線写真を持ち上げて、殺人犯の身元を明かす何本かの線を指さす場面を見たことがあるだろう。さらには、親子鑑定や、秘められた遺伝的先祖、体質、さまざまな病気のリスク検出を請け合う最近の消費者直結型遺伝子検査について聞いたことがあるだろう。新聞ではよく、がんや自閉症などの原因になる新しい遺伝子の発見に注目したニュースが大きく取り上げられる。科学者たちは長年にわたって、遺伝子の多様性を研究するため多くの技術を開発し、それを利用して個人や個人間の関係を特定し、遺伝子と外見、健康との関連性を導き出してきた。

指紋を採る

DNA指紋法は、1980年代、レスター大学で

イギリスの遺伝学者アレック・ジェフリーズによって初めて開発された。ジェフリーズは、病因的遺伝子の家族での継承を追跡する方法を探しているとき、DNAの観察から個人差を見分ける有効な方法に偶然行き当たった。この問題に取り組むため、ジェフリーズのチームは、縦列反復数変異（VNTR）と呼ばれる短い繰り返しDNAに注目した。これらは非コードDNAの一部を形づくっていて、ゲノム全体に約3万本が散らばっている。各VNTRの長さはきわめて多様で、どの人も両親から独自の組み合わせを受け継いでいる。一卵性の双子は同じゲノムを共有しているので、同じパターンのVNTRを持っている。近縁の人は似通ったパターンを持ち、血縁でない人たちが類似パターンを持つことはまれだ。

ジェフリーズのチームは、制限酵素と呼ばれる分子の"はさみ"を使って、DNAの特定配列を切断し、被験者のゲノムを短い断片に切り刻

▶DNAの多様性が、人とその特徴を決める鍵となる。

んだ。人はそれぞれ異なる長さのVNTRを持つので、その断片の長さもすべて少しずつ違う。次の段階は、最短から最長まで、個々の断片をすべてサイズで分け（▶下のコラム参照）、次にパターンを調べる。それは遺伝子の独特なバーコードのようでもある。ジェフリーズはすぐさま、すばらしい着想を得た。2つのDNAサンプルから得たパターンを単純に比べれば、犯罪現場と容疑者の両方から採取した材料などが同じ人物によるものかどうかを明らかにできるはずだ。さらに、世代を超えた家族、特に親子間で受け継がれるパターンには共通の要素があるはずなので、ふたりの人物が血縁関係にあるかどうかもわかる。

すぐさま、この新たな技術（DNA指紋法という呼び名がついた）は、メディアの大きな関心を引いた。興味深いことに、ジェフリーズの研究所に対する最初の依頼は、犯罪捜査ではなく、イギリスから強制送還される予定の少年に関わるものだった。その子のDNAと、母親を名乗る女性と3人の子どもから採取したサンプルを比較したことで、その少年が間違いなく女性の子どもであり、国にとどまるべきであることが証明された。この結果のおかげで、研究所には、同じ状況にある切羽詰まった家族から何千もの依頼が殺到した。

┃ サイズで分ける ┃

DNAの断片をサイズによって分けるために、科学者たちはゲル電気泳動と呼ばれる方法を使う。初めに、混ぜ合わせたDNAを板状のゲルにあけた小さな穴に注入する。それを水槽のなかに置き、特別な液体で覆う。ゲルはアガロースという化学物質（寒天の一成分）でできていて、DNAの断片は、そのゼリー状の組織のなかを通れる。断片を動かすには、水槽に電流を流すだけでよい。DNAは負の電荷を帯びているので、正の電荷を帯びた水槽の端へ向かって動く。小さいDNA断片のほうが大きい断片より速くゲルを通れるので、サイズごとに分けられる。これが完了すると、科学者たちはDNAに貼りつく染料で着色して、パターンを明らかにする。別の方法として、DNAをさらなる分析のために薄膜上に移し、サザンブロッティングと呼ばれる技術を使うこともある。イギリスの分子生物学者エドウィン・サザンの名前に由来するこの方法では、放射性同位体で標識したDNA配列をプローブ（探針）として使って、DNAの特定の配列を探す。

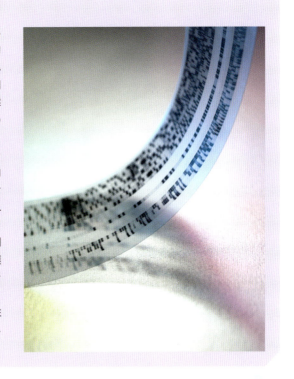

CHAPTER 5 あなたは何者？ 69

研究所から法廷へ

過去30年でDNA検査は、有罪や無罪、家族関係を判断するうえで、広く受け入れられた技術になった。それは、自然災害やテロ攻撃など大惨事の犠牲者を特定するのにも使われている。テクノロジーはさらに進歩して、今では固有のパターンを得るのに、より短いDNA配列が使われている（短縦列反復、略してSTRと呼ばれる）。短い断片を調べるとはつまり、すでに壊れ始めた古く劣化したDNAのサンプルで指紋採取ができるということだ。ジェフリーズの最初の制限酵素法は比較的大量のDNAを必要としたが、今ではPCRと呼ばれる技術に置き換えられている。この手法では、わずかな毛根や皮膚細胞、あるいは血液1滴だけで、ごく少ないDNAサンプルから大量のSTR複製をつくり、有効な結果を出すことができる。

もっともらしいテレビ番組や注目を集める裁判事件によって、DNA指紋法はあらゆる答えを出してくれると思われるようになった。確かに、正しく使えば信頼性はきわめて高いが、いくつかの理由から完ぺきとは言えない。まず、現代の技術はとても感度が高いので、サンプルを慎重に扱わないと、不純物混入のリスクがある。検査や保管、分析中に間違いや取り違えが起こりうる。ときには検査結果の解釈が困難なこともある。また、犯罪現場に誰かのDNAの

▼親子鑑定はDNA指紋法がもとになっている。

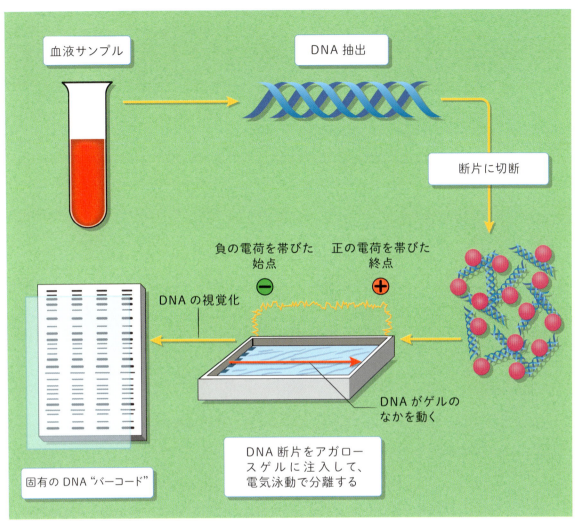

▲DNA指紋法の基本的な手順。

痕跡が見つかったというだけで、自動的に有罪の証明になるわけではない。人は誰でも常に環境中にDNAを落としている。だから、たとえ現場に遺伝子があっても、完全に無実だと釈明できるかもしれない。

また、新たな識別法を科学者たちが開発中とはいえ、通常のDNA指紋法で一卵性の双子を見分けることはほとんど不可能だ。さらに、警察や民間のデータベースに人々の遺伝情報を集めて保存することについては、重大な倫理とプライバシーと安全上の問題がある。つまりDNA指紋法は、画期的な技術であることは確かだが、魔法のような犯罪解決策ではない。

家系の追跡

遺伝子工学が世界を変えたもう1つの領域

新しい技術、古い物語

　DNA指紋法は、ずっと昔に死んだ人々の親子鑑定や身元確認など、歴史的事例の答えを探るのにも使われている。この技術は、ロシア内戦中の1918年に殺されたロシア帝室の遺骨や、悪名高いナチの医師ヨーゼフ・メンゲレの遺体の鑑定にも使われた。レスターで開発された技術にふさわしく、DNA指紋法によって、街の駐車場の地下で発見された人骨が15世紀のイングランド王リチャード3世であり、その家系のどこかで性的不祥事があったらしいこともわかった。

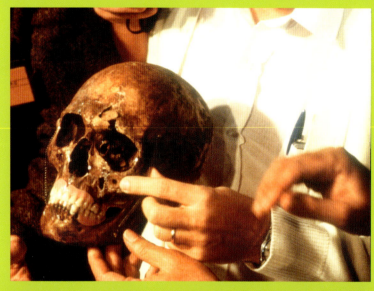

◀DNA指紋法は、ブラジルで発見された人骨がナチの医師ヨーゼフ・メンゲレであることを証明するのにも使われた。

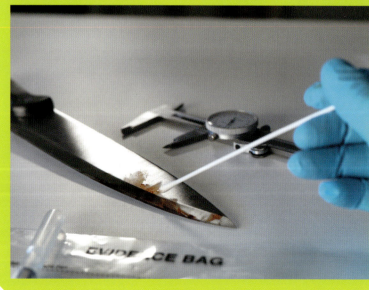

◀DNA分析は、現代の科学捜査の鍵となる技術だ。

は、形質や健康状態や病気と、特定の遺伝子の変化との関連性を理解することにつながる。1800年代以来、医師と科学者は家系図（ペディグリー）を活用して、ある種の病気がどのように代々伝わるのかを追跡してきた。最も有名な例の1つに、ヴィクトリア女王の家系がある。女王は、X染色体の1本に重篤な血液凝固異常症である血友病をきたす遺伝子の異常を持っていた（▶CHAPTER 14参照）。ヴィクトリア女王と、その染色体を受け継いだ子孫の女性たちは、もう1本のX染色体が完全な機能を持っていたので遺伝子の変異を補えた。しかし男性たちの場合は、2本のX染色体ではなくXとYを1本ずつ持ち、補うものが何もないので、病気になってしまう。結局、血友病はイギリス王室の3世代に影響を与えた。

次の世紀を通じて遺伝子に関する知識とテクノロジーが進歩するにつれ、科学者たちは、いくつかの比較的まれな遺伝病の原因となるDNAの領域、そしてついには一部の遺伝子変異を特定する技術を開発した。その範囲は、家族のなかで多発する囊胞性線維症やハンチントン病から乳がんや腸のがんにまで及ぶ。とはいえ、これは一定数の単一遺伝子病（メンデル遺伝病）にしか有効ではなく、多くのありふれた疾患や形質の遺伝的パターンはそれほど単純ではない。この問題については、CHAPTER 6で詳しく検討しよう。

一卵性双生児（同じDNAと環境を共有）と二卵性双生児（遺伝的には通常のきょうだいと同程度に類似し、環境を共有）の病気と形質の遺伝を比較した研究によって、多くの異なる要因が遺伝の重要な構成部分に関わることがわかっている。そこには、心臓病、がん、糖尿病、統合失調症、自閉症、アルコール依存症、知

能、身長、体重なども含まれる。しかし、それらの遺伝子が実際どういうものなのかが明確になったわけではない。ほとんどの疾患や特徴は複雑で、ポリジーン性、つまり多くの遺伝子に連関している。このような遺伝子を追跡し、どう働いているのかを解明するのは、厄介な任務だとわかった。それぞれの形質は、何百個もの多様な遺伝子がコードしたタンパク質によって生じ、遺伝子の1つ1つは最終結果に少し貢献するだけなのだ。単一遺伝子病を引き起こす単純な系図とは違って、人はきわめて多くの遺伝的多様性を受け継ぎ、すべてのものがまとまって、その人自身をつくっている。

一塩基多型（SNP）

人の形質と病気に対する遺伝的多様性の関わりを探る上で最大の躍進は、おそらく21世紀初頭の、全ゲノム関連解析（GWAS）開発とともに起こった。この解析は、何万もの人々のDNAを精査するテクノロジーがもとになっている。その精査では、遺伝子と非コードDNAのあちこちにばらまかれ、ゲノム上のありとあらゆる場所にある1塩基文字の多様性を探す。こういう多様性は、一塩基多型（SNP、スニップと発音する）と呼ばれる。つまり、特定の場所にAを持つ人もいれば、Gを持つ人もいるということだ。

ある特定の病気を持つ何千人と同数の持たない人とを塩基の文字について比較することで、その病気に関連しているある種のSNPを絞り込むようになった。ほとんどのSNPでは、文字と病気のあいだにつながりはないようだが、いくつかは一貫した関連性を示す。たとえば、ある位置にTを持つ人は、同じ場所にCを持つ人より心臓病を発症する可能性がずっ

CHAPTER 5　あなたは何者？　　73

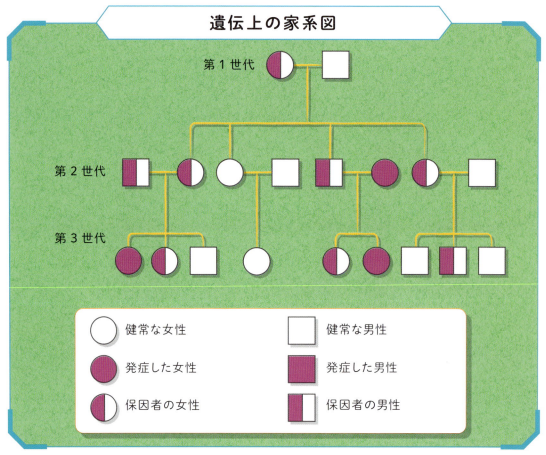

▲潜性（劣性）形質や病気がどのように遺伝するかを示した家系図。

と高くなるかもしれない。SNPが位置するゲノム領域に注目することで、病気になんらかの役割を果たしていそうな遺伝子や制御スイッチを探し、研究室で試すことができる。心臓の発育や機能に関わる遺伝子の近くにある心臓病のSNPはさらなる研究のよい候補だ。しかし、それが皮膚でしか活性化しない遺伝子なら、研究には値しないだろう。

重要なのは、SNPが、DNAのタンパク質をコードしない部位にも、遺伝子それ自体にも含まれる可能性があることだ。遺伝子中のエクソンやイントロンにさえ含まれることがある。しかもSNPは、必ずしも病気や形質の原因となる誤りとはかぎらない。むしろ、科学者がゲノム内の位置を特定するのに使う遺伝子マーカーになるものが多い。そのため、1回のGWASで、ある種の疾患や特徴に関わるSNPが10個、あるいは100個も発見されることがある。実際、GWASの結果はたいてい、「科学者が自閉症に関わる100個の新たな遺伝子を発見」などとうたう新聞の見出しになる。CHAPTER 1で取り上げたように、何かを起こす"1つの遺伝子"など存在しない。遺伝子とは、細胞がタンパク質とRNA分子をつくるのに使うレシピなのだ。

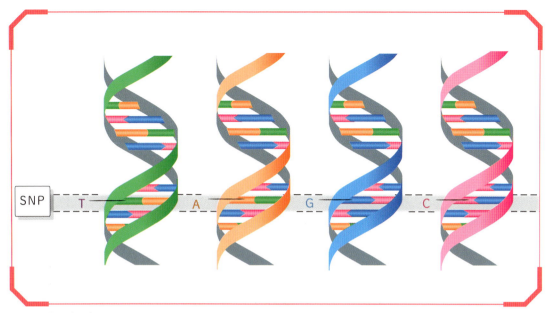

▲一塩基多型（SNP）とは、人によってDNAの同じ場所の1文字が違うことだ。

　さらに、SNPの大多数は、関連している形質や病気に比較的小さな影響しか与えない。たとえば、ある種のSNPを持つと腸のがんのリスクが数パーセントだけ上がるかもしれないが、病気が発症すると決まったわけではない。しかし、いわゆる"悪い"SNPを多く持てば、それが積み重なり、リスクが大幅に増す可能性がある。とはいえ、それですべてが説明できるわけでもない。双子の研究が示したところでは、人々の一定の形質に遺伝子が与える影響は平均して半分ほどで、残りは環境要因によるものだという。つまり、ある特徴や病気についてのあらゆるGWAS研究を1つにまとめても、そこにあるはずの遺伝的要素のごく一部しか説明できないということだ。では、残りはどこにあるのだろう？

　この謎のいわゆる「失われた遺伝率」をどこで見つけたらよいのか。それに対しては、いくつかの意見がある。1つは、まれにしか見られない遺伝的多様性を探して捕らえるために、さらに大きな集団を使うことだ。もう1つは、研究対象の詳細をごく狭く定義して使うことだ。鬱病などの精神障害は、さまざまな面で人に悪い影響を及ぼし、多くの遺伝子が作用している可能性がある。症状がよく似た人たちの集団に研究を限定することで、より強い遺伝的連関が見つかる可能性が高まる。

　テクノロジーが進歩したので、ゲノム全体の配列決定あるいはエクソーム配列決定（ゲノムの非コード部位を除いて、遺伝子のエクソンだけを読み取ること）を大規模に行うことができる。これを使えば、個人の遺伝子構造に関するずっと多くの情報や、遺伝子と形質のつながりについてもっと有効な手がかりが得られるだろう。だが、別の何かが起こっている可能性もある。もしかするとエピジェネティック（後成的）・マークの遺伝（▶CHAPTER 9参照）や、直接はDNAのなかでコード化されない重要情報を伝える卵子と精子内の

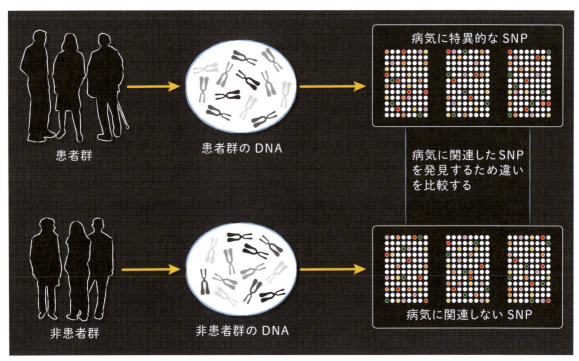

▲全ゲノム関連解析（GWAS）は、病気や特徴に関連したSNPを特定する。

分子があるのかもしれない。今のところは、すべて謎に包まれている。

私的な検査

近年、インターネットの巨人グーグル社に支援された23アンド・ミーなどの企業が提供する消費者直結型遺伝子検査に、多大な関心が寄せられている。たいていの場合、GWASと同じ種類のテクノロジーを使い、きわめて広範囲にわたる形質や病気につながるSNPを、その人が持っているかどうかを調べるものだ。たとえば、23アンド・ミーの検査では、単一遺伝子の機能不全で引き起こされる嚢胞性線維症のような病気から、アルツハイマー病や心臓病のような複雑で多因子遺伝の疾患まで、発症リスクを100以上判断できる。また、コリアンダー（パクチー）の風味を好むかどうかや、目がどんな色になる可能性が高いか、よく使われる医薬のなかで過敏症が起こる可能性まで調べられている。

また、これらの検査は、遺伝上の先祖や先祖の地理的起源の詳細を突き止められると宣伝している。こういう分析には解釈がいくつかある。男性の場合、父親から息子に受け継がれるY染色体を調べる検査だ（▶CHAPTER 14参照）。世界には限られた種類（ハプログループ）のY染色体しかないので、同じY染色体ハプログループに属するふたりの男性は、違うハプログループのふたりよりも近い関係にある。しかし、だからといって、彼らの履歴や家族関係について他に何かが明らかになるわけではない。女性の場合は、ミトコンドリアDNAを調べる（▶CHAPTER 14参

照）。これは、女性の卵細胞内にある“分子のエネルギー工場”で、母親から娘に受け継がれる。やはり、ミトコンドリアDNAの広範なグループがいくつかあるが、先祖を特定する検査ではない。

　もっと詳しく遺伝上の先祖を調べる検査では、Y染色体以外の染色体についても地域を分析し、それを世界じゅうの人々から得たDNA多様性のデータベースにある情報と比較する。現在、この種の検査は、データベースに含まれる情報の質に完全に頼っているので、限定的な価値しかない。しかも、その信頼性は、2、3世代さかのぼる程度だ。両親のDNAの半分ずつしか受け継がれない（しかも卵子と精子がつくられるときに混ぜ合わされる）ので、今あるゲノムにはDNAの痕跡が残っていない多くの先祖がいるはずだ。確かに、遺伝上の先祖をたどるのは興味深く楽しいことだが、それよりも

家系内の歴史的な部分の調査をしたほうがもっと有益で役に立つかもしれない。さらに面倒なことに、人間は何千年ものあいだ世界じゅうを移動して、道中で相手を見つけ、交わってきた。はるか昔までさかのぼれば、遺伝的に“純粋な”人は誰もいない。

　現在、他にもさらに特殊で娯楽的な遺伝子検査が市場に出ている。遺伝子構成に基づいた完ぺきなスキンケア製品をつくると宣伝するものもあれば、遺伝子から子どもの運動能力を予測して適した活動を提案すると請け合うものもある。それらは科学研究に基づき、たいていはGWASで特定されたSNPを参照してはいるが、やはり価値はあまりない。SNPは、複雑な形質について白黒はっきりした答えを出すことはできない。関わっている遺伝子がとても多く、結果全体へのそれぞれの関与はごく小さいからだ。

▎DNA 指紋法の将来 ▎

　いずれDNA指紋法は、ちょっとしたバーコードよりずっと多くの情報を突き止められるようになるかもしれない。遺伝子の多様性が人体にどんな影響を与えるかについて多くのことが発見され、広範なゲノムの配列決定のコストが下がるにつれて、科学捜査官たちは、ある人物のDNAに基づいてどんな容姿かを予想する分子モンタージュ写真作成のツールを開発しつつある。

　まず調べるべき最も明白な要素は、性別だ。通常、女性はX染色体を2本持ち、男性はX染色体とY染色体を1本ずつ持つ。しかし、遺伝的な性が必ずしも外見や性別と一致しない人もいる（▶CHAPTER 14参照）。リストの次の項目は、肌、髪、そして目の色だ。青や茶色の目などの形質は比較的簡単にわかるが、緑や他の色は今もむずかしい。髪の色も、

美容院に行けば変えられるとはいえ、予測できる。科学者たちは、ある種の遺伝的多様性と顔立ちの関係を調べ始めている。個人を特定できるほど厳密ではないし、顔立ちは加齢や体重の変化で変わるかもしれないが、この方法は、警察が人物像にまったく一致しない人に時間を浪費する代わりに、一定の容疑者に焦点を合わせるのに役立つだろう。

　身長や体重などその他の形質は、はるかに予測がむずかしい。DNAから年齢を推測するのも手強い問題だが、現在、年を取ると一定の遺伝子につく分子の“タグ”を調べられる新しい検査法が開発されつつある（▶CHAPTER 9参照）。今のところ、そのテクノロジーはまだ初期段階にあるが、増加するデータベースで遺伝子と身体の特徴が結びつくにつれて、もっと精確になるだろう。

検査、検査

◀新しい血液検査は、高精度でダウン症候群を特定できる。

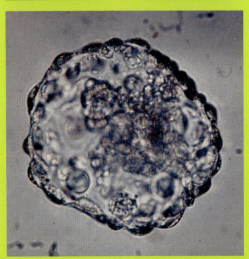

▲着床前遺伝子診断およびスクリーニングは、まだ細胞の小さな玉のような、ごく初期の人の胚に対して行われる。

　遺伝子検査と生殖技術のおかげで、単一遺伝子の異常が引き起こす重大な、あるいは不治の病害を受けた家族が、現在では着床前遺伝子診断（PGD）を選択できるようになった。まず、母親の卵子と父親の精子を使って、体外受精（IVF）させた複数の胚を実験室でつくり、小さな細胞玉になるまで数日成長させる。各胚から細心の注意を払って数個の細胞を採ったあと、DNAを抽出して解析し、どれが異常な遺伝子を持っているかを調べる。遺伝的に正常な胚のみを母親の子宮に移植すれば、健康で元気な赤ちゃんが育つことが期待できる。着床前遺伝子スクリーニング（PGS）と呼ばれるもう1つの技術では、同様のテクノロジーを使って、各胚の細胞内にある染色体の数を数える。これは、過不足のある染色体を持つ胚や、不妊やきわめて重大な疾患を引き起こす胚を排除するために使われる。

　妊娠後に、ダウン症候群などいくつかの遺伝性疾患を見つけることもできる。ダウン症候群は、21番染色体が1本余分にあることで起こる（▶CHAPTER 4参照）。今までは母親の血液検査で、特定のタンパク質があるかどうかによって診断したあとで、通常、成長中の胎児を包む羊水から細胞のサンプルを採って確認していた。しかし羊水検査は流産を引き起こす可能性があり、危険を伴う。現在、胎盤から母親の血液に少量流れ込む胎児のDNAの断片を検査する方法が開発されている。これは無侵襲的出生前遺伝学的検査（NIPT）と呼ばれ、ダウン症候群の98パーセントと他の過剰な染色体の存在で起こるいくつかの疾患を発見できる。

スウォンジー大学のマイク・マクナミー教授
は、SNPによる運動能力検査の背後にある科
学と倫理を研究している。
「こういう検査は、たとえば、人が優れた持久
力や瞬発力を持つ傾向があるかどうかを調べま
す。瞬発力の場合、"ACTN3"という遺伝子の
多様性が短距離走の速度に関連しています。し
かし、この遺伝子が発現していない世界的レベ
ルの走り幅跳びのスペイン人選手もいるので、
絶対に必要というわけではありません。それ
に、たとえその遺伝的多様性を持っているとし
ても、いや、実際に多くの人が持っているわけ
ですが、世界的レベルの短距離走者になるには、
意欲や情熱や献身など、別のさまざまな条件が
必要になります。そういう特質についての遺伝
子検査はありません」とマクナミー教授は言う。

　これから数年で、遺伝子検査は、特にがんな
どの病気の診断、治療、検診をより個別化し高
精度の方法で行うため、さらに普及していくだ
ろう（▶CHAPTER 16参照）。懸念としては、消費
者直結型の企業が現在持っている大きな遺伝子
データベースのプライバシーと安全性、さらに
は適切な助言やカウンセリングもないまま、人
生を変えてしまいかねない情報を与える潜在的
リスクなどがある。プラスの面としては、こう
いう製品は人々を刺激して自分のゲノムに関心
を持たせ、他者と情報を共有する機会を与え、
新たな親類を見つけたり、研究に関わったりす
るきっかけになる。とはいえ、どの遺伝子検査
にも、いまだに1つの大きな問題がある。次章
では、遺伝子と身体構成と健康のあいだの関連
を探り、これらが必ずしも単純ではないことを
示そう。

CHAPTER 5　あなたは何者？　79

運動能力は遺伝子だけで決まるのではない。熱意や訓練、ふさわしい機会など、すべてが重要になる。

CHAPTER 6

ヒトは
マメにあらず

遺伝学の基本となる法則は、1世紀以上前、メンデルという修道士と彼が育てたエンドウマメのおかげで解明された。今日、ヒトの形質と遺伝のしかたについて、わたしたちは何を知っているだろうか？

チェコ共和国のブルノの街を訪れることがあったら、ぜひ聖トマス修道院に立ち寄って、庭を散歩してみてほしい。こここそ、19世紀に修道院長を務めたグレゴール・メンデルが、遺伝的継承の基本原理を解明した場所だ。メンデルの研究は、特徴や病気がどのように世代から世代に受け継がれるのかを説明する基本パターンを定め、20世紀前半の遺伝学において多くの主要な発見の裏づけとなった。今日、メンデルは現代遺伝学の父と呼ばれ、生活と研究の場だった修道院はメンデルをたたえる博物館になっている。とはいえ生命が、メンデルの整えられた花壇よりはるかに乱雑で込み入っていることも明らかになってきた。メンデルの法則はわかりやすいが、じつのところほとんどの形質には当てはまらない。それでも、遺伝子と遺伝学的多様性が互いにどう作用し合っているのかをより深く学ぶのによい出発点になる。

遺伝継承の構成要素

　エンドウマメには花や種の色などにはっきりした遺伝形質があるので、メンデルはこの植物を用いて異なる特徴がどのように受け継がれるのかを確定できた。彼は苦労しながら、花粉をそれぞれのエンドウマメに受粉させて繁殖をコントロールし、特定の方法で紫色の花と白い花を交配させ、それぞれの色の花が咲いた子孫の数を数えた。まずはじめに、何世代にもわたって紫色の花しか咲かせない「純種」の紫色の花をつけるエンドウマメをいくつか見つけた。次に、それらを純種の白い花をつけるエンドウマメと交配させ、その結果生まれるエンドウマメの花の色を調べた。どれもが紫色の花をつけ、

▲グレゴール・メンデル。現代遺伝学の始祖。

白い花はまったく咲かなかった。次にメンデルは、これら第1世代の紫色のエンドウマメを互いに交配させた。興味深いことに、その結果生まれた子の4分の3は紫色の花をつけ、4分の1は真っ白な花をつけた。メンデルは、いくつもの交配と計算を行ったのち、花の色や、緑や黄色のマメなどの形質の遺伝は3つの基本的な法則に従うという結論を得た。

　第一に、それぞれの特徴は2つの「継承の要素」で決定され、そのどちらかが変化しないまま子に伝わるはずだと考えた。第二に、1つの形質は、他の形質とは切り離されて継承されることから（たとえば、赤い花は緑のマメと必ずしも一緒には伝わらない）別々の要素に違いないと判断した。第三に、ある形質を受け継いだ子孫の比率を測定すると、いくつかの要素は顕性（優性）、つまり必ず子孫に発現するが、別の

いくつかは潜性（劣性）で、一定の状況下でしか現れないことに気づいた。現在では、それらの要素は遺伝子だとわかっているが、当時はDNAが細胞内の遺伝物質であることや、遺伝子とはいったいなんなのか、どう働くのか、誰も知らなかった。

法則を定める

メンデルの法則は、異なる色のエンドウマメを交配したときの観察結果の背後にある遺伝学をすっきりと説明している。たとえば、花の色を決める2タイプの対立遺伝子（アレル）があるとしよう。大文字Pは花びらに紫色の色素をつくり、小文字pは機能する色素をまったくつくらない。それぞれのエンドウマメは、各遺伝子の複製（コピー）を2個持つ（両親から1個ずつもらう）ので、紫色の花をつける純種のエンドウマメはアレルPを2個（PP）、白い花をつける純種のエンドウマメはpを2個（pp）持つはずだ。PPのエンドウマメとppのエンドウマメを交配させると、子は両親の一方からPを、もう一方からpを受け継ぐので、どれもがPpになる。さらに、アレルPは紫色の色素をつくるが、pは色素をまったくつくらないので、紫色の形質が顕性になる。ひとつのアレルPがあれば、次世代のすべてに紫色の花を咲かせるのにじゅうぶんな色素をつくらせることができる。

これら第1世代のPpエンドウマメを互いに交配させると、86ページに示したように、さらに興味深いことになる。各エンドウマメはそれぞれの親から1個のアレルを受け継ぐだけなので、可能な組み合わせは4つある。その結果生まれる子の4分の1はPP、半分はPpまたはpP、残りの4分の1はppになる。PPは紫色の花を咲かせる。PpとpPも同じだ。しかし、4分の1はpを2個受け継ぐので、白い花を咲かせる。この比率は、メンデルが自分の庭で見たとおりの、4分の3対4分の1（3対1）になる。

メンデルは、自分の発見を科学界の仲間たちと分かち合おうと意気込み、観察結果をドイツ語で書き上げて、地元の研究雑誌に発表した。しかし、情報が世界じゅうの図書館からマウスをクリックするだけで手に入る現在とは違って、そのすばらしい発見について耳にした人はほとんどおらず、メンデルは1884年、世に認められないまま亡くなった。幸いにも、彼の研究は20世紀初頭に再発見され、イギリスの生物学者ウィリアム・ベイトソンが英語に翻訳したことで広く知られるようになった。またベイトソンは、この刺激的な科学の新分野を表すための"遺伝学（genetics）"という新語をつくった。

▶メンデルはエンドウマメを研究して、有名な遺伝の法則を導き出した。

初期の遺伝学者たちはメンデルの考えを採用してさらに発展させ、遺伝子の伝わりかたについて何十年にもわたる重要な発見への道を開いた。ついにはそれが、DNAの構造の発見および分子に基盤を持つ遺伝子（ひと続きのDNAがタンパク質をつくるレシピを暗号化する）という考えにつながった。

一方で、メンデルの法則は破られるためにあったと考える人もいる。別のイギリス人科学者ウォルター・ウェルドンは、メンデルのデータがあまりにも整いすぎていると感じ、自分でエンドウマメを調べてもみた。メンデルの主張によれば純粋な緑か黄色のエンドウマメが観察できるはずだが、ウェルドンの観察では、濃い緑色から、黄色がかった緑、緑がかった黄色、淡い黄色まで、広範囲の色が現れた。メンデル遺伝の厳密なパターンは当てはまらないことが多く、人の特徴のほとんども複雑で多様性があり、メンデルと彼の信奉者が提唱する単純な"遺伝の要素"に制御されているのではないと、ウェルドンは結論づけた。ちょうどメンデルの考えが、ベイトソンと同僚たちのおかげで人気が出始めたころ、不運なことに、ウェルドンは1906年に46歳で亡くなった。遺伝子とその働きに関する知識が深まるにつれ、ウェルドンが正しかったことに気づく科学者は増えてきている。

遺伝の複雑さ

メンデルは次の点で確かに正しかった。人は23本の染色体のすべてを2コピー（それぞれの親から1コピーずつ）、つまり各"要素"を2種類受け継ぎ、通常これらは同じ遺伝子の組を持

つ（XとYの性染色体は例外 ▶CHAPTER 14参照）。しかしそれは、各対の全長にわたるDNA配列が同一という意味ではなく、レシピの基本セットが同じというだけだ。おそらく多数の遺伝子の"綴り"にはたくさんの相違があるし、非コードDNAにはもっとたくさんある。失われた、あるいは重複した部位など、もっと重大な変化が起こることもある。つくられるタンパク質に相違を生じない場合もあれば、小さいが微妙な変化を招いたり、その機能に大きな変化を与えたりする場合もある。さらに、非コードDNAの変更が、タンパク質がどれだけつくられるか、あるいは厳密にいつどこで遺伝子にスイッチが入るかに影響することもある（▶CHAPTER 8参照）。

メンデルのエンドウマメで見てきたとおり、同じ遺伝子座を占める多様なDNAは、アレル（対立遺伝子）と呼ばれる。これらは「風味」のようなものと考えてもよい。一部の遺伝子は、ごく限られた範囲にとどまっている。その一例は、16番染色体にある"ABCC11"と呼ばれる遺伝子で、細胞から分子を出し入れするタンパク質をコードしている。この遺伝子には2つの異なるアレルがある。遺伝子内部の特定の位置にGがあるもの（原型）と、同じ位置にAがあるものだ。これは一塩基多型(SNP)だ（▶CHAPTER 5参照）。アレルGは顕性で、Gを2個またはGとAを1個ずつ（両親のそれぞれから1個ずつ）受け継げば、耳垢が湿ってべとつきワキガ体質になる。このアレルは、ヨーロッパ、アフリカ、南アメリカの人々ではごくふつうに見られる。アレルAを2個受け継ぐ人はアジアに多く、耳垢が乾いてはがれやすくワキガがほとんどない。2つのアレルの遺伝様式は、メンデルの法則に従っていて、ほとんど耳垢の質を"決める"遺伝子と言える。

◀エンドウマメの花の色におけるメンデル遺伝。アレルPは紫色、pは白。

CHAPTER 6 ヒトはマメにあらず **87**

単一遺伝子の機能不全が引き起こす病気は数百種類あり、これらはメンデル遺伝のパターンに従っているようなので、メンデル遺伝病と呼ばれる。例としては、"CFTR"という遺伝子の異常な潜性のコピーを2個受け継ぐことで起こる嚢胞性線維症がある。健康なCFTRは、肺や膵臓などの臓器や皮膚の細胞表面に小さな通路をつくるタンパク質をコードする。細胞はこれを使って塩分を出し入れする。この通路が失われたりうまく働かなかったりすると、塩分が不均衡になり、塩分過多の汗や、呼吸を阻害する肺の粘着性粘液、食物を分解する消化酵素の欠如などの症状を引き起こす。嚢胞性線維症は、新生児のおよそ2500人にひとりが発症し、ヨーロッパ系の人によくあるメンデル遺伝病になっている。他のごくまれな遺伝病にも、メンデルの法則に従っているものがあるが、もしかするとそれは単純化しすぎかもしれない。機能不全になる遺伝子を2個受け継いでいても、発症するはずの病気に侵されない人もいるからだ。

ほろ苦い生物学

今にしてみると間違っていたのだが、科学者たちは他のいくつかの形質も、この整然としたメンデルの遺伝様式に当てはまると考えていた。その1つは、フェルニチオカルバミド（PTC）という化学物質の味を感じる能力だ。PTCをひどく苦いと感じる人もいれば、あまり苦みを感じない人、あるいはまったく味が感じられない人もいる。研究によって"TAS2R38"という遺伝子のいくつかのアレルが発見された。味覚能力に関わる多様性のほとんどは、この遺伝子が原因だ。ごくありふれたアレルが2個あり、PTCの味を感じるタイプは、味を感じないタイプより顕性（優性）だ。しかし、さらに多くのアレルが存在し、両親ともPTCの味を感じられなくてもPTCの味を感じる子どもが生まれることもあるので、単純なメンデル型の特徴ではないと言える。

◀ヒトの肌と髪の色は、たくさんの遺伝的多様性がともに働くことで決まる。

赤毛の遺伝子

赤毛の人は気性が激しいという説に科学的根拠はないものの、赤い髪の遺伝的起源についてはかなり多くのことがわかっている。色合いにはいくつかの遺伝子が関わっているが、赤い髪は"MC1R"という1つの特定の遺伝子によって現れる。この遺伝子は、メラノコルチン1受容体と呼ばれるタンパク質をコードする。これは、メラノサイトと呼ばれる特別な色素生成細胞のなかにある。個人の肌や髪の色はおもに、メラノサイトが生成する2つの色素の相対的比率によって決まる。暗褐色のユーメラニンと、淡い色のフェオメラニンだ。

▼印象的な赤い髪は、MC1R遺伝子のおかげ。

茶色や黒の髪、褐色の肌をした人たちは、ユーメラニンをたくさんつくっていて、黒く日焼けしやすい。ユーメラニンは、太陽の紫外線による損傷を防ぐ一種の自然の日焼け止めとして働く。赤毛を発現するMC1Rの多様性は、ユーメラニンの生成を減らしてフェオメラニンを増やすので、結果として赤やブロンドの髪になる。高レベルのフェオメラニンは、そばかすや、赤く日焼けしやすい白い肌にも関連している。ユーメラニンと違って、フェオメラニンは紫外線に対する保護を与えてくれないので、赤毛の人たちはひどい日焼けや皮膚がんを起こすリスクが高い。興味深いことに、ネアンデルタール人の化石から採取した古代DNAの分析（▶CHAPTER 2参照）によると、わたしたちの遠い親戚にも、MC1Rに別の多様性があったことから、赤い髪を持つ人がいた可能性がある。しかし、彼らの髪が現代人に見られる赤毛と同じ色合いだったかどうかははっきりしない。

"耳垢遺伝子"のような純粋なメンデル形質の例は、ごくまれだ。ほとんどの遺伝子には数種類のアレルがあり、世界じゅうの人々にさまざまな頻度で現れる。A、B、AB、Oがある血液型は、このタイプの形質としてよい例になる。この場合、AとBのアレルはどちらも顕性（優性）だが、Oは潜性（劣性）だ（血液型と適合性遺伝子についての詳細は▶CHAPTER 13参照）。しかし多くの場合、どのアレルが他より顕れやすいか判断するのはむずかしい。たとえて言うなら、アイスクリームパーラーに入って、20種類の味のうちどれか2つを選ぶようなものだ。チョコレート味を2つ選べば、間違いなくチョコレートアイスクリームが手に入るが、チョコレートとバナナ、チョコレートとイチゴ、バナナとイチゴの組み合わせを選べば、それぞれに違う味になるだろう。

目の色のように単純そうなものの遺伝でさえ、かなり込み入っている。これは、虹彩（目の着色部分）をつくる細胞内の異なる2つの色素（濃いユーメラニンと薄いフェオメラニン）の比率による。1900年代、目の色についての初期研究では、すべての人を単純な3つの種類に分けた。青または灰色、緑または薄茶色、そして褐色だ。科学者たちは、青と褐色の目がメンデルの遺伝様式に当てはまり、褐色が青より顕れやすいことを示す図表まで作成した。しかし緑色の目の人たちがどうなっているのかには触れなかった。

▼一卵性の双子は同じ遺伝子を持っているが、何もかもがそっくりなわけではない。

　この発想にはあまり現実味がない。目の色は単純な遺伝様式には従っていないし、たくさんの色合いがあるからだ。虹彩に色のついた輪がある人もいる（著者の目は緑色で茶色の輪がある。青い目の両親から褐色の目の子どもが生まれることもある）。純粋なメンデル遺伝なら、起こるはずはないことだ。

　じつのところ、目の色にはいくつかの遺伝子が関与していて、そこにはさまざまなアレルがある。最も重要な遺伝子は"OCA2"で、虹彩の色素細胞内にあるPというタンパク質をつくる。目を青くするのはたった1つの遺伝的多様性らしい（▶CHAPTER 8参照）が、目の色のアレルが組み合わさって多様な色合いをつくる道すじはたくさんある。

　それでも、目を多様な色で分類するのは比較的簡単だが、同じようにできない形質は多い。身長、知能、体重から、糖尿病や心臓病やがんなど多くの病気のリスクはすべて、高率から低率までの広い範囲に収まる。これらの特徴は、それぞれが多様なアレルからなる多くの遺伝子が作用し合った結果だ。人間のユニークな特徴は、何千個もの遺伝子がともに働くことで現れる。それらの遺伝子は、人体を構築して機能させ続けるすべてのタンパク質とRNAをつくっている。タンパク質をコードする遺伝子およびコードしない制御スイッチにおける多様性のすべてが、いかに小さくとも、最終結果に影響を与える。こういう要素すべての相互作用を突き止めるのはとてつもなく複雑な作業で、科学者たちはようやく取り組みを開始したばかりだ。

すべては遺伝子のなかに？

　人間は、遺伝子のレシピ本の単純な産物ではない。環境も重要な役割を果たしている。すべてのDNAを共有している一卵性の双子でさえ、

何もかもがそっくりなわけではない。遺伝でない環境の影響で得た独自の個性や形質がある。子宮内の環境から、口にする食物、吸っている空気、一生を通じて経験するすべてが関係する。遺伝子はきわめて反応しやすく、環境要因とともに働いてその人をつくり上げ、健康を保つ。たとえば、食物の消化酵素をコードする遺伝子は、食事のあいだ食べ物を分解できるよう、胃の細胞内で活性化される必要がある。体が熱くなりすぎたら、遺伝子は、細胞内のもろい構造の損傷を防ぐタンパク質をつくるために活性化される。

遺伝子、制御スイッチ、環境の相互作用をすべて解き明かすことは、とてもむずかしい。テクノロジーの進歩のおかげで、今ではおおぜいの人々のDNAを読み取り、体と健康、病気の情報とともに、遺伝子活性のパターンを比較できるようになった。一例として、アメリカ政府精密医療計画では、遺伝的特徴、生活習慣、健康についての詳細な情報を照合するために、100万人の研究ボランティアを募集している。いずれこういう研究は、すべてがどのように共同作業しているのかを解明するのに役立つだろう。それでも、人は誰でも生まれ（遺伝子）と育ち（環境）のユニークな組み合わせからできているので、その人自身の個性をつくり上げるのはなんなのか、正確に突き止めることは、永遠にできないかもしれない。

人間社会は、メンデルの発想から長い道のりを歩んできた。遺伝的特性にはメンデルの法則に従うように見えるものもあるが、たいていは、1つの遺伝子が1つの形質を決めたり、1つの遺伝子欠損が1つの病気につながったりするほど単純ではない。次章では、研究者たちがどのようにして多くの人々の全ゲノムをより分け、驚くべき発見をしているのかを見てみよう。

▌遺伝子に組み込まれている▐

体重が遺伝形質で、人々の体重変動の70パーセントが遺伝子によるものであることはよく知られている。しかし環境要因（健康的な食物の入手や活動的な生活習慣など）も大きな役割を果たしている。遺伝子がどうだろうと、誰でも食べすぎてエネルギーを消費しなければ体重が増える。もちろん、単一遺伝子異常が太りすぎを招くまれな状況もあるが、ほとんどの人にとって、体重は遺伝子と環境、行動の相互作用の結果だ。

肥満と体重に連関したいくつかの遺伝子は、GWAS（▶CHAPTER5参照）を通じて発見された。そのほとんどは、脳で活性化するタンパク質をコードし、空腹感をあおり体内でのエネルギー利用を制御する分子のレベルに影響を与える。最も強い連関があるのは、"MC4R"という遺伝子で、色素形成遺伝子MC1Rと密接な関係がある。最近のある小規模な研究によると、その遺伝子に機能不全がある人は、糖分の多い食物より脂肪分の多い食物を好む。もしかすると、食物が不足していた遠い昔にはそれが役立ったのかもしれない。脂肪は砂糖よりエネルギー量が多いので、たくさん食べたいという意欲が、生き残って繁栄するうえで役立っただろう。しかし、たいていの人が簡単に食物を手に入れられ、肥満が大きな健康問題になっている今日では、それがむしろ不利になってしまった。

CHAPTER 7
遺伝的スーパーヒーロー

スーパーマンやワンダーウーマンは架空の人物だが、現実世界の遺伝的スーパーヒーローはわたしたちのそばにいる。あなたもそうかもしれない。

遺伝子と病気の関係は、確かに複雑だ。心臓病や糖尿病など多くのありふれた病気に関するその人のリスクは、環境や生活習慣とともに働くさまざまな遺伝的多様性が組み合わさって決まる。ただし、単一遺伝子異常が世代を超えて伝わることで生じる、単純な遺伝様式に従う病気もある。これらはおおむねメンデルの法則に従っているので、メンデル遺伝病と呼ばれている（▶ CHAPTER 6参照）。

こういう病気にかかった人の家族のなかには、遺伝カウンセリングと検査を受ける人たちもいる。通常、研究室では"札つきの被疑者"（病気との連関が知られている遺伝子）のDNA変化を調べ、家族のなかで病気にかかった人とかかっていない人の結果を比較する。ただし、これで必ず答えが得られるとはかぎらない。検査には含まれない遺伝子やDNA領域の誤りで病気が引き起こされることもあるからだ。現在、DNAシークエンシングの価格が下がったおかげで、大規模な遺伝子研究がいっそう広く行われている。さらに科学者たちは、ある病気にかかった人の家族内で特定の遺伝子を検査するだけでなく、多くの健康な一般の人たちのゲノムからデータを集めている。そうするうちに、かつて考えていたほどすべてが単純ではないことがわかってきた。そしてじつは、わたしたちのそばには遺伝的スーパーヒーローがいるのだ。本人はその隠された力に気づいてさえいないかもしれない。

最初のスーパーヒーローの発見

姿を現した最初の遺伝的スーパーヒーローは、スティーヴン・クローンだった。1980年代にニューヨークとロサンゼルスに住んでいたゲイの男性で、コミュニティーじゅうに広がり始めた恐ろしい病気に多くの友人が倒れるのを見てきた。しばらくたってその病気は、ヒト免疫不全ウイルス（HIV）による進行性で最後には死にいたる病気、エイズ（AIDS、後天性免疫不全症候群）と特定された。クローン氏は、ウイルスにさらされたにもかかわらず、病気にならなかった。他の多くの人が持たない免疫をなぜ自分が持っているのか不思議に思い、クローン氏は自発的に研究対象になることを申し出た。科学者たちは、クローン氏が"CCR5"という遺伝子のまれなアレルを2つ持っていることを発見した。この遺伝子のふつうのアレルは、免疫細胞にウイルスを入り込ませる分子のドアとして働くタンパク質をコードする。驚いたことに、クローン氏の遺伝子のアレルは、このドアを効果的にふさぎ、ウイルスを締め出していることがわかった。

ヨーロッパ系の人々の1パーセント弱がCCR5の抵抗力のあるアレルを2個持っていて、HIV感染に高い免疫力がある（防御が完全に保証されるわけではないが）。さらに10〜15パーセントは1個持っている。HIV感染への免疫ができるわけではないが、感染の危険が減り、AIDSの進行が遅くなる。今日では、命を救う多くの薬のおかげで、HIV感染は、死の宣告ではなく生存期間が何十年もある、慢性の疾患に変わった。その薬の1つがマラビロクで、シーエルセントリという商標名でも知られる。CCR5でつくられるタンパク質に貼りついて、HIVが免疫細胞に感染するのを防ぐこの薬は、クローン氏の抵抗力のある遺伝子研究から、直接開発されたものだ。

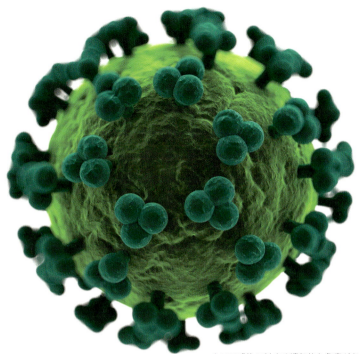

▲HIV感染に対する遺伝的な免疫がある人もいる。

　スティーヴン・クローンのような人たちは、遺伝的スーパーヒーローだ。彼らのCCR5遺伝子の多様性は、まるで特殊能力のように働き、大多数の人が感染するウイルスから身を守ってくれる。現在、大規模なDNAシークエンシング（塩基配列決定法）によって、他にもたくさんのスーパーヒーローがいることが明らかになっている。彼らはウイルス感染の脅威を撃退できるだけでなく、自らの細胞内の病因的遺伝子による疾患への抵抗力もある。

それが「ノックアウト」

　2014年6月、フローニンゲン大学のシスカ・ワイメンガ教授が率いるオランダの研究者チームが興味深い結果を発表した。オランダ全土の人々の遺伝子構成を調べるさらに大きなプロジェクトの一環として、オランダ在住の250家族のDNAを解読したところ、"SERPINA1"という損傷した遺伝子を2個持つ人をふたり発見した。通常、この遺伝子は肺の繊細な管と空気嚢（のう）を保護するタンパク質をつくっている。これがないと（病因的遺伝子を2つ持っている人のように）この入り組んだ構造は壊れ始め、最後には、40歳ごろまでに重篤な呼吸器障害を起こす。それにもかかわらず、ワイメンガの研究に参加したふたりはどちらも60代で、肺疾患の徴候をまったく示していなかった。言いかえれば、遺伝的スーパーヒーローだったのだ。驚くべきことに、さらに177人は、偽性軟骨無形成症（ぎせいなんこつむけいせいしょう）と呼ばれる骨疾患を起こす遺伝的多様性を持っているようだったが、健康状態は良好だった。彼らのゲノムでどこか別の部分（あるいは生活習慣や環境）が、機能不全遺伝子を補い、健康を保っていた。

CHAPTER 7　遺伝的スーパーヒーロー　95

スーパーヒーローを探して

マウントサイナイ・アイカーン医科大学の科学者たちは、遺伝的スーパーヒーローを探すため、さらに一歩先まで進んでいる。彼らは、最大100万人を募集して、DNAを詳しく調べ、いわゆる"悪い"遺伝子多様性を持っているのに健康な人を探す野心的な研究「抵抗力プロジェクト」を立ち上げた。家族のなかに病気の人がいるのに、本人はかかっていない人を探している。スーパーヒーローのよい候補だ。また、遺伝病にかかっている人（明らかに抵抗力のない人）や、単に参加して自分のゲノムについてもっと知りたいと考える人たちにも関心を寄せている。

有害らしき遺伝子の異常があるのに元気な人が発見されてからが、むずかしい仕事の始まりだ。科学者たちは、なぜその幸運な人たちが病気を避けられるのか、その理由が遺伝子、生活習慣、環境、それとも別のところにあるのかを解明しなければならない。「抵抗力プロジェクト」を率いるジェーソン・ボブはこれを、"煙を立てる銃"[訳注：決定的証拠という味の慣用句]になぞらえて、"煙を立てるエアバッ

▲遺伝的スーパーヒーローはどこかにいる。あなたもそうかも？

グ"の捜索と表現している。こういうスーパーヒーローたちを守っているものを突き止めることで、ボブのチームは将来、多くの重い病を防ぐ、または治療する新しい重要な方法が見つかることを期待している。

2年後、イギリスを拠点にした数千組の家族（おもにロンドンとブラッドフォードに住むパキスタン系の人々）で行われた研究では、さらに38人の遺伝的スーパーヒーロー、「ヒトノックアウト」と研究チームが呼んだ人たちが発見された。こういう人たちは、重い病気に関連する遺伝子の異常なアレルが2個あるか、遺伝子ごと欠けているかだった。驚いたことに、ほとんどの人は完全な健康体だった。この集団は、近親者との結婚に好意的なので、子どもが機能不全になる遺伝子を2つ受け継ぐ可能性が高い。遺伝病の比率は高めだが、予測よりは高くない。オランダの研究の対象者たちと同様、遺伝子、環境、生活習慣における他の要素が、発症するはずの病気を防いでいる。この研究を支援している、クイーン・メアリー・カレッジ（ロンドン大学）を拠点とする科学者たちは現在、街に住むさらに10万人のパキスタン人とバングラデシュ人を募集する計画を立てている。目的は、この集団のなかにどのくらいの比率で遺伝的スーパーヒーローがいるのかについてさらに詳しい情報を得て、何がその人たちを病気から守っているのかを見出すことだ。

さらに大規模な研究が、ニューヨークのマウントサイナイ・アイカーン医科大学で行われた。50万人以上の遺伝子と健康についての情報を含むデータベースが詳しく調べられて、さらに13人のスーパーヒーローが見つかった。全員が、脳や骨、皮膚を含む重い遺伝病や自己免

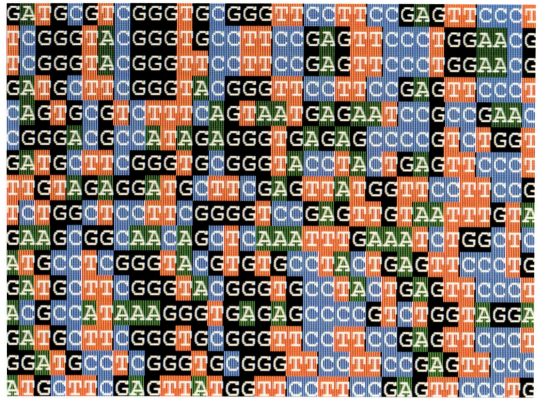

▲ "スーパーヒーロー"のDNA多様性の発見は、病気の治療や予防につながる。

疫疾患を引き起こすはずの病因的遺伝子を2つ持っていた。たとえば、遺伝子構成に基づくなら、スーパーヒーローのうち3人は嚢胞性線維症になっているはずだった。肺や他の臓器を侵す古典的なメンデル遺伝病だ。しかし、病気の症状はないようだった。この発表は世界じゅうで大きく報道されたが、ピーター・パーカーやダイアナ・プリンス、クラーク・ケント（それぞれスパイダーマン、ワンダーウーマン、スーパーマンの仮の姿）とは違って、こういう遺伝的スーパーヒーローの真の姿は永遠に明かされないだろう。なぜなら、研究者たちは、彼らを追跡するための正確な情報や承諾を得ていないからだ。ここに問題がある。なぜなら、研究結果をダブルチェックし、こういう人たちの何人かが軽症の疾患にかかっているかどうか、さらには本当にスーパーヒーローなのかどうかの判断さえも、不可能になるからだ。

救出に向かうスーパーヒーロー

これまでの研究によれば、スーパーヒーローは世界じゅうに確かに存在する。じつのところ、誰が遺伝的な特殊能力を持っていても不思議ではない。誰でも最大40個のいわゆる"悪い"遺伝子の多様性や異常を持っている可能性があるが、それらは他の遺伝子構成、環境、生活習慣によって埋め合わされる。興味深いことに、アイスランドにはスーパーヒーローが多く生まれる傾向がある。人口がとても少なく、長期間や

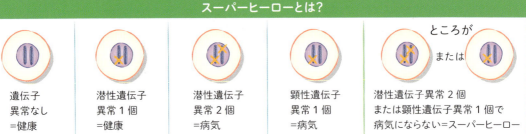

▲どのようにして遺伝的スーパーヒーローが生まれるか。

や孤立状態だったことから、アイスランドは、他の地域に比べて血縁関係の近い人が多い。実際、人口の約8パーセントは、病気を起こすはずの遺伝子変異を2コピー持っているが、必ずしもその有害な影響を受けていない。この現象は、ヒトに限ったものではない。イヌがかかる筋萎縮性疾患のデュシェンヌ型筋ジストロフィーに抵抗力を持つ"スーパードッグ"が見つかっている。

この研究には、スーパーヒーローを探すだけでなく、さらに刺激的な目的がある。スティーヴン・クローンの抵抗性を持つCCR5が重要なHIV治療薬の開発につながったのと同じく、こういう少数の幸運な人を保護している遺伝因子や環境要因を見出し、あまり幸運でない人をいずれ治療できるようにすることが期待されて

いる。同時にそれは、遺伝病を白か黒かでとらえる考えかたを改める必要性を示している。完全にメンデル型だと考えられていた病気でさえ、現在では多様な遺伝子変異を持つ人々のあいだで、重症からほぼ完全に健康と言える状態まで、幅広い徴候を見せているようだ。これは遺伝子検査やカウンセリングにとって、重要な意味を持つ。遺伝子構成（遺伝子型）からは、その人がどんな外見になるか、健康状態がどうなるか（これを表現型という）を完全には予測できないことを示しているからだ。

冗長性

遺伝子の異常や多様性がどのように病気につながっているかを判断するとき、考えなければならない複雑な状況がもう1つある。

CHAPTER 6ですでに見たように、多くの遺伝子には異なる"風味"、つまりアレルがあり、そのあいだには顕われかたに関して複雑な関係がある。ヒトが各遺伝子のアレルを2つずつ（性染色体を除き、両親から1個ずつ（▶CHAPTER 14参照））受け継ぐこともよく知られている。多くの場合、1つのアレルが壊れても、もう1つが欠損を少なくともある程度補える。もし2つとも壊れたら、予測される結果はなんらかの病気か、そのほかの健康問題だ。遺伝的スーパーヒーローの存在は、遺伝子の欠損や異常を補う別のバックアップ体制が働いていることを示している。

ヒトゲノムの塩基配列決定以来、多くのヒト遺伝子は唯一無二ではないことがわかってきた。ヒトゲノムには2つ以上のわずかに異なる遺伝子のタイプがあるかもしれない。そして、それぞれが染色体対の片方ずつに入る2つのアレルとして現れる。こういう新たなタイプが登場するのは、たいていDNAの複製と修復に間違いが起こったせいで、ゲノムのなかで遺伝子が誤って複製され、それが繰り返されるからと考えられる（▶CHAPTER 4参照）。時がたつにつれ、これらの複製は徐々に進展し、多くの場合はごくわずかであるが、それぞれの違いが現れてきて、遺伝子ファミリーと呼ばれるようになる。たとえばヒトゲノムでは、ミオシンをつくる遺伝子は30種類以上あり、これらは筋肉や他の組織で活性化している。一部は特定のやりかたによって体のさまざまな部分で使われるが、他の一部はあまり特殊化されていない。したがって、遺伝子ファミリーのどれかに破損や異常があると、別のものが救出に来てくれる。この生物学的なバックアップ体制は、冗長性として知られ、なぜ2万個あるヒト遺伝子の多くが絶対不可欠とは限らないのかを説明する一助になっている。

すべてが悪いとはかぎらない

科学界は、遺伝的スーパーヒーローの捜索で、なかなかみごとな成功を収めてきた。しかし、ヒトの変異のデータベースには、現在病気と連関する遺伝子の異常がすべて列挙されているが、そこに大きな問題がある。シスカ・ワイメンガの研究（▶95ページ参照）によれば、ある種の病気を引き起こすとされるアレルのいくつかは、オランダ国民のあいだではごく一般的だ。病気を引き起こす変異はまれであるべきなので、これは不自然に見える。しかし逆に、データベースに間違いがあり、"悪い"とされる遺伝子の一部は実際にはまったく問題を起こさないようだ。

もう1つの例として、クロイツフェルト - ヤコブ病（CJD）のような、プリオンと呼ばれる変異したタンパク質が引き起こす病気の大多数は、プリオンタンパク質自体をコードする遺伝的異常に連関しているように見える。マサチューセッツ工科大学（MIT）とハーバード大学の共同研究所であるブロード研究所の遺伝学者ダニエル・マッカーサー教授は、50万人以上（プリオンが引き起こす病気にかかった1万6000人を含む）のDNAを詳しく調べ、驚くべきことを発見した。プリオン遺伝子のうち一部の変異は確かに病気を引き起こしているが、他のものは濡れ衣を着せられていて、有害ではない。さらに、いくつかの"スーパーヒーロー"タイプでは、病気を起こす人もいれば、起こさない人もいる。

スーパー線虫

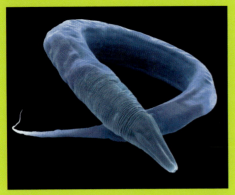

▲小さな線虫でさえ、スーパーヒーローになれる。

バルセロナのゲノム調節センターの科学者たちは、ごく小さな線虫の研究によって、遺伝的スーパーヒーローについて考えうる1つの解釈を発見した。C・エレガンスと呼ばれるこの生物は、遺伝的に同一なものとして繁殖でき、同じ環境を共有する。つまり、遺伝子の変化に同じやりかたで反応するはずだ。ベン・レーナー教授らは遺伝子工学技術を使って、線虫の特定の遺伝子1コピーに、命取りになるはずの異常をつくった。しかし、死んだ線虫は半分だけだった。2コピーの遺伝子を壊すと、90パーセントの線虫が死んだが、10パーセントはまだ生きていた。レーナーの考えでは、他の遺伝子からの転写のレベルか、ゲノムのどこか別の領域で生じるランダムな多様性が、生き残ったスーパー線虫たちの失われた遺伝子を補うことで、彼らが元気にのたくるのを助けているらしい。

冗長性を病気の治療に利用する試みもある。ヒトなどの哺乳類は、βグロビン遺伝子座という密接に関係し合った遺伝子群を持っている。これはヘモグロビン（赤血球内にあり、体じゅうに酸素を運んでいる鉄を含むタンパク質）の一部を形成するタンパク質をコードする。これらの遺伝子はすべて、進化の歴史のなかで、何百万年も前のただ1つの遺伝子が重複して進化し、胎児から成体になるまでさまざまな段階で使われている。βサラセミア（あるいは鎌状赤血球貧血）という病気を持つ人は、βグロビンの成熟型の異常コピーが2つがある。彼らはヘモグロビンを適切につくれないので、病気になってしまう。しかし、異常のある成熟型βグロビン遺伝子を持つ人のほとんどは、胎内にいるあいだは完全に正常なβグロビンを持っている。胎児が発育し、年齢が上がるにつれて、スイッチが切れてしまうのだ。研究者たちは現在、この健常な胎児型βグロビンのスイッチを入れ直して病気を治療する方法を見つけようとしている。

最後に、覚えておくべき重要な点は、DNAの多様性や変化、変異は必ずしも遺伝子自体の内部で起こるわけではないということだ。タンパク質にコードされない98パーセントのゲノムのなかで起こり、遺伝子を適切な時に適切な場所でオンやオフにしている制御スイッチに影響を与えているのかもしれない。

次章では、ゲノムのなかをさらに深く掘り下げて、これらのスイッチについて、およびその故障で何が起こるのかについて詳しく検討しよう。

▶鎌状赤血球貧血を患った人の赤血球。正常なドーナツ形のものだけでなく、異常な細長いものが見られる。

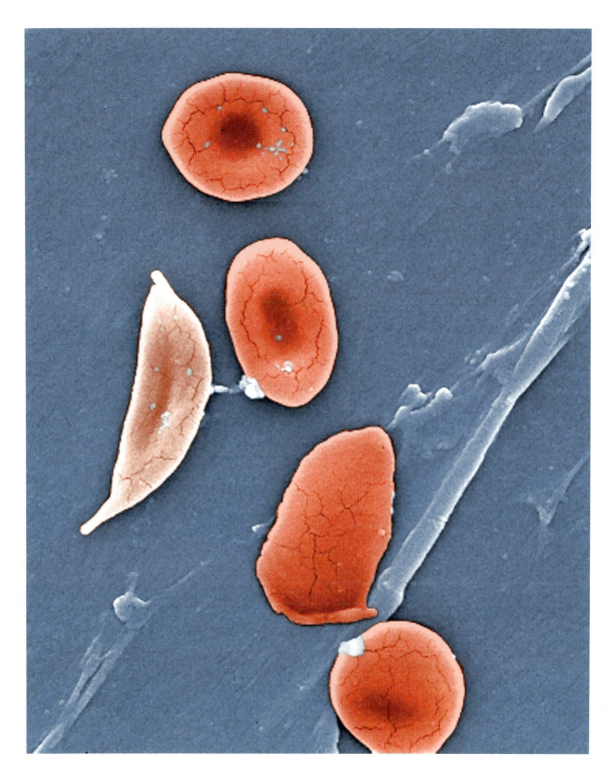

CHAPTER 7 遺伝的スーパーヒーロー 101

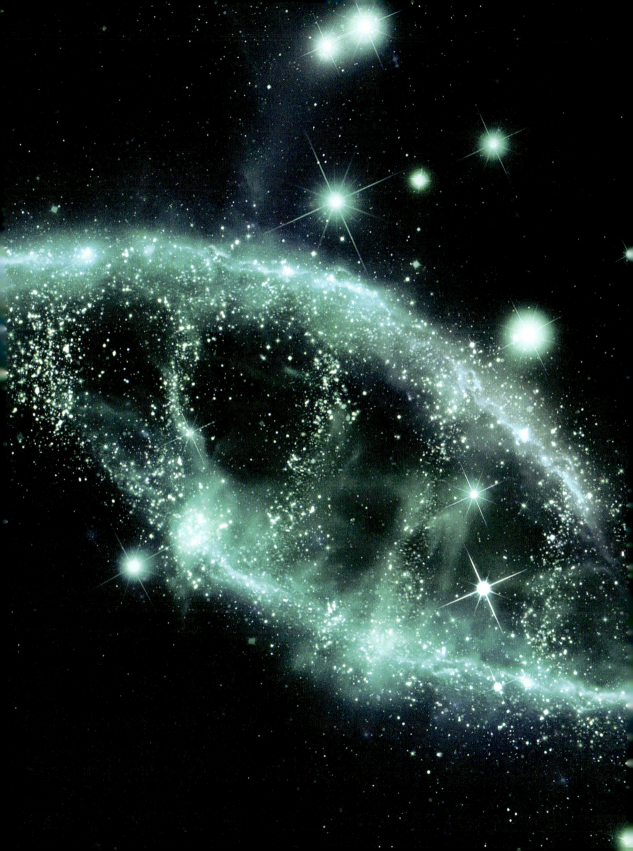

CHAPTER 8
スイッチの入れかた

人体を最上の状態で作動させ続けるためには、適切な時に適切な場所で遺伝子のスイッチが入らなければならない。

人体には、タンパク質をコードする遺伝子が約2万個あるが、これらがゲノム全体に占める割合は2パーセント未満だ。当然、あらゆる細胞内ですべての遺伝子のスイッチがいっせいに入るわけではない。それでは、どの細胞もまったく同じタンパク質をつくることになり、すべてが同じ形になってしまうだろう。そうではなく、人には何百種類もの（何千種類まではいかないまでも）細胞があり、それぞれが自らの特別なタンパク質のおかげで、特定の仕事をしている。

　あるタンパク質は、いわゆるハウスキーピング遺伝子によって生成され、あらゆる種類の細胞のなかに必要で、細胞内の構造をつくったり、エネルギーを発生させたりといった基本的な仕事をしている。けれども多くの遺伝子は、特定の細胞群のなかだけで活性化している。必要に応じて必要な時にだけ、適切な組み合わせで確実にスイッチが入るように、注意深く制御（調節）されなければならない。遺伝子調節を解明するには、まさに生命の始まりにまでさかのぼる必要がある。そこでは、1個の受精卵から赤ちゃんへの成長を指揮する複雑な遺伝子活性パターンが細かく計画されている。がんなどの病気は、重要な遺伝子のスイッチが誤って切り替わることが原因になり、それが細胞を際限なく増殖させ、腫瘍に成長させる。

　遺伝子活性は、非コードDNAのなかにある「スイッチ」に制御されている。非コードDNAはCHAPTER 1で示したように、ヒトゲノムの98パーセントを構成している。ヒトは約2万個しか遺伝子を持っていないが、スイッチは何十万個もあるらしく、それぞれが、単独で、あるいは他のスイッチと共同で働き、適切な時に適切な場所で遺伝子を活性化させる。興味深いことに、病気と連関している遺伝的変化（SNP）の約80パーセントは、この非コードDNAに見つかっていて、スイッチや他の制御要素の変更が、遺伝子そのものの変化と同等、あるいはそれよりずっと重要であることが示されている。では、それらはどんなふうに働くのか？

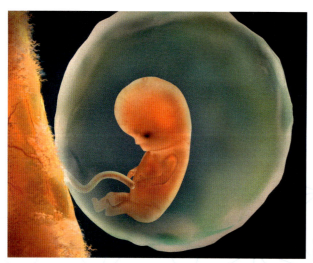

◀命が宿った瞬間から、胎児が子宮で育つあいだも、遺伝子のスイッチが適切に切り替わる必要がある。

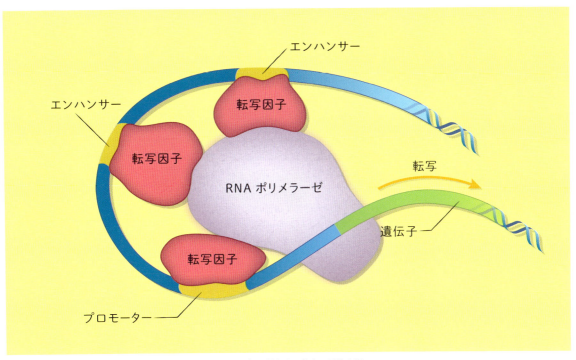

▲転写因子がDNA内のスイッチ（エンハンサーとプロモーター）を制御する特定の任務を担い、適切な時に適切な場所で遺伝子を活性化させる。

スイッチの切り替え

　一般に、調節エレメントまたはエンハンサーと呼ばれる制御スイッチは、塩基の配列のいわゆる"文字"からなる短いDNAだ。これらは転写因子と呼ばれるタンパク質の結合場所として働き、RNAポリメラーゼとその他の転写機構を、読み取りに必要な遺伝子に引き寄せる（▶CHAPTER 3参照）。DNA配列自体の物理的形状が、そこに結合できる特定の転写因子を決める。異なる転写因子は特定の配列に対して異なる親和性を持つ。たとえば、1つの転写因子は"TACGTA"という配列にしか付着しないが、別の因子はあまりえり好みせず、似通ったさまざまなDNA配列に結びつくこともある。

　エンハンサーは通常、いくつかの転写因子の連結場所が次々につながってつくられている。転写因子も、協調してDNAに結びつきたがる。つまり、もし1つの転写因子がすでにエンハンサーの上に収まっていれば、他の因子もそれに続きやすくなる。じゅうぶんな転写因子がエンハンサーに付着すると、これがRNAポリメラーゼの"着陸台"のようなものになり、遺伝子の始点へと導いて、転写が開始できるようにする（▶CHAPTER 3参照）。

　この場所にある特有の配列が、特定の細胞型のなかで結びついた転写因子とともに、遺伝子がその細胞内で活性化すべきかどうかを判断している。すべての細胞は同じ遺伝子とスイッチ

牛乳飲んだ？

世界（特に東アジア）の成人の4分の3は乳糖不耐症があり、牛乳を飲んだり乳製品を食べたりできない。残りの4分の1は、制御スイッチの1個の変化によって、こういう食品を楽しめる。ほとんどの哺乳類（乳糖不耐症の人たちも含め）の体内にある、乳糖を分解する酵素ラクターゼをコードする遺伝子は、若年期にスイッチがオフになる。しかし、約1万年前、ヨーロッパ人の祖先のひとりが、ラクターゼ遺伝子近くの制御スイッチが変化した状態で生まれた。つまり、成人になってからもその遺伝子がずっと転写され続けた。さらに、アフリカと中東の住民たちのラクターゼ遺伝子周囲の非コードDNAにも、それぞれ別個に遺伝的変化が起こり、その遺伝子を活性化し続ける同じ効果が生まれた。ラクターゼ存続の遺伝子変化は、世界のどこに現れた場合も、そ

の地域での酪農業の広がりと連動しているようだ。牛乳は、タンパク質とエネルギーのよい供給源なので、牛を飼育できることは大きな利点になったに違いない。

を持っているが（ゲノムが同じなので）それぞれの細胞型は、必要とされる遺伝子だけを活性化する転写因子の独特な組み合わせを持つ。エンハンサーの配列は転写因子の結合場所となるのにとても重要なので、少しでも文字に変化があれば、転写因子の結合の度合いに影響するかもしれないということは、容易にわかる。これは次に、どのくらい効果的に転写を行えるかに関わってくる。

時間をさかのぼる

遺伝子が、その制御スイッチの上に収まった転写因子タンパク質によって特有の細胞型で活性化するのなら、次に浮かぶもっともな疑問は、遺伝子上のどのスイッチが転写因子をつくるのか、ということだろう。

それは2つの道すじで起こる。第一に、いくつかの遺伝子は、細胞の内外での環境変化に対応してスイッチが入る。たとえば、食物を分解して体内に運ぶタンパク質をコードする遺伝子は、食事を始めるときに活性化される必要がある。DNA複製と細胞分裂に関わる分子は、新しい2つの細胞への分裂を命じるシグナルを細胞が受け取るときに、スイッチが入らなければならない。感染症にかかると、免疫細胞の遺伝子は撃退するための抗体をつくる活動をスタートする。こういう場合、シグナル伝達と呼ばれる化学的メッセージの連鎖反応が細胞内に打ち込まれ、休眠中の転写因子を形態や構造の変更によって活性化する。こうして活性化した転写因子は、エンハンサーを探しに行くことができるようになり、必要な遺伝子のスイッチを入れて、適切な反応を呼び起こす。

第二に、ある種の細胞型のなかで常に活性化している遺伝子がある。筋肉での伸縮性のある

ミオシンタンパク質や、赤血球内で酸素を運ぶヘモグロビン、肝臓の解毒酵素をコードする遺伝子などだ。このような例では、時間をさかのぼって、細胞の経歴と起源を調べる必要がある。1つの受精卵が子宮内で胎児へと発育するにつれ、細胞は分裂し分化する。その道のりで、細胞群は特定パターンの遺伝子を活性化させ、筋肉や神経、骨や腸管になるなど、特定の運命に向かって進む。このように、ついには体の機能に必要な器官と組織すべてが発達していく（▶CHAPTER 11参照）。大人の筋細胞は、筋肉に特異的な転写因子を持つので、ミオシンをつくる。胎児のときに、それらの遺伝子にスイッチが入った筋肉前駆細胞がもとになっているからだ。そして、胎児の筋肉前駆細胞は、さらに初期段階にある胚の中間層（中胚葉）における未分化の細胞群がもとになっている。この中胚葉細胞は筋肉や骨、軟骨、その他の組織をつくっていく。細胞の究極的な運命は、胚のどこに収まるかによって、さらに周囲の細胞から受け取るシグナルによって決まる。

　科学者たちは今も、ゲノム全体でどの転写因子がどの配列と結びつくのかを正確に決めるための、基本的なコードを解明しようと努めている。DNA配列だけに基づいてエンハンサーを特定したり、一定の細胞型で活性化するかどうかを予測するのは容易とは言えない。さらに厄介なことに、一部のエンハンサーは作用する遺伝子のそばにあるが、別のものは遠く離れた場所にあるらしいとわかった。開始部位から何千塩基も離れて存在するものさえある。研究者たちは制御スイッチ候補を見つけるために、転写因子に付着したDNAの配列、あるいは活性化したエンハンサーに関わる他の分子を捕らえる技術を使うことが多い。科学者たちは、これらのDNA配列を異なる細胞型のあいだで比較することで、細胞に独自性を与える遺伝子の重要な制御スイッチになりそうな領域はどれかを解明し始めたようだ。

　遺伝子調節の詳しい調査をするとき、最大の課題は、研究に使えるじ高純度の細胞サンプルを手に入れることだ。以前は顕微鏡で組織や器官を見て、それをもとに、ヒトには約200種類の細胞があると言われていた。しかし、遺伝子活性のパターンに基づくと、実際には数千種類の細胞があ　るようだ。ただしこれまで

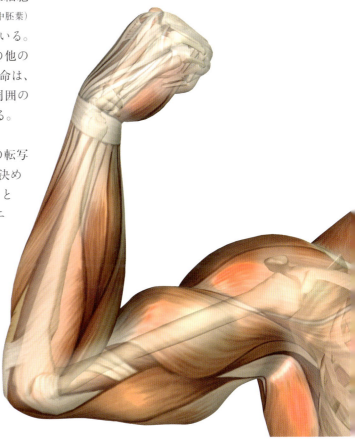

CHAPTER 8　スイッチの入れかた　109

青い目の遺伝子

▲青い目の人はみんな、同じ遺伝的変化を共有している。

　人間の目の色は10個以上の遺伝子の影響を受けているが、制御スイッチにおけるたった1つの変化が、世界じゅうの青い目の人たち全員に関わっている。重要な役割を果たしているのは、15番染色体にある"OCA2"という遺伝子だ。この遺伝子は、Pと呼ばれるタンパク質をコードする。これが、目の輪状の虹彩にどのくらいメラニン色素がつくられるかを決める1つの要素になる。OCA2の変化には、メラニン生成を多くするものと、少なくするものがある。2008年、コペンハーゲン大学の科学者たちは、青い目の人たち全員が、"HERC2"というもう1つの遺伝子内の非コードであるイントロンに、同じ変化を持つことを発見した。この遺伝子は、OCA2のすぐ隣にある。この領域に、虹彩のOCA2を活性化させる重要な制御スイッチがあることもわかった。青い目の人の場合、このスイッチが変更されているので、遺伝子が活性化されず、Pタンパク質も、目の色素もつくられない。

　この変化があるアレルを2個持つと確実に青い目になるが、厳密な色合いは、他の色素遺伝子がもたらす多様な混合によって調節される。これまでに調べた青い目の人にはひとり残らず同じ遺伝子変化があったので、もとはただひとりの始祖から受け継がれたに違いない。どういう人かはわからないが、青い目の人間として知られる最古の遺骨は、スペインの洞窟で発見された男性の化石骨で、約7000年前にさかのぼる。男性のDNA分析で明らかになったところによると、おそらく青い目と褐色の肌をしていて、乳糖不耐症でもあったという。

の研究は、異なる数種類の細胞を含む比較的大きな組織サンプルを使っていた。脳や心臓のわりと小さな部分も、何百万個もの細胞と異なる数種の細胞型を含んでいる。そのため、個々の細胞型がつくり出した遺伝子活性の特定パターンがすべて混じり合って、結果を混乱させてしまう。たとえるなら、遠くからおおぜいの人を眺めると、灰色のシャツしか見えないようなものだ。もっと近くで数人を見ると、黒いシャツの人もいれば、白いシャツの人もいることがわかる。遠くからではまったく見えなかったが、茶色のシャツを着ている人も少数いる。今ではテクノロジーの進歩によって、ごく小さなサンプル（場合によっては1個だけの細胞）の転写パターンを探すことができるようになった。ゲノム内の制御スイッチとその働きについて、より多くの詳しいことが明らかになっていくだろう。

絡み合ったDNA

　体内のほとんどすべての細胞には、2.2メートルものDNAが、核のなかに詰め込まれている。きちんと整えられているのではなく、細胞分裂時に凝縮した染色体のきれいなX形（▶CHAPTER 4参照）とは違って、ボウル1杯の麺のようにねじれて絡み合っている。46本の染色体のそれぞれが、独自の空間、染色体テリトリーとして知られる領域のなかに押し込まれている。活性遺伝子は通常、不活性遺伝子より核の中心近くで見つかる（必ずしもそうとはかぎらないが）。DNAはじっと静止しているのではなく、同じくそこに詰め込まれている転写因子やRNAポリメラーゼ、その他の分子とともにうごめいている。

　巻いたりくねったりという動きのすべては、

遺伝子から遠く離れた制御スイッチとエンハンサーがどうやって遺伝子に作用するのかを説明するのに役立つ。DNAは曲がることも、ねじれることも可能で、転写因子をのせたエンハンサーおよびRNAポリメラーゼを開始部位と接触させることで、転写が始まる。しかし、エンハンサーと遺伝子が物理的に接触しなくてはならないのか、どちらも同じ広汎な領域にいるだけでいいのかは、まだ明らかではない。またこれは、いかなる遺伝子からの転写も、連続的な流れ作業ではなく、断続的に起こる傾向があるという事実も説明している。多くの分子パーツ（DNA、転写因子、RNAポリメラーゼのあらゆる成分を含む）が、遺伝子を転写する目的で組み立てられる必要があり、互いに比較的弱い結合をつくっている。すべてが整っていれば転写は起こるが、構成要素がばらばらになって転写が止まるのもまれなことではない。

進化の舞台

　1975年、アメリカの遺伝学者メアリー＝クレア・キングは、ヒトとチンパンジーのタンパク質にほとんど差がなく、これではヒトと親戚である霊長類との違いを説明できないと考えた。そして、人間としての比類ない特徴をもたらすのは、遺伝子がつくるタンパク質ではなく、遺伝子の制御のされかたであるはずだと気づいた。人間は何百万年も前に霊長類の祖先たちから枝分かれしたのだが、ゲノム、特にタンパク質にコードされる遺伝子自体は驚くほどよく似ていることが現在はわかっている。それでも、ヒト以外の霊長類と比べると、いつ、どこで遺伝子が活性化されるかに影響を与える多くの制御スイッチや、他の非コード配列に決定的な違いがある。こういう違いが、わたしたちを特徴づけ、人間として存在させているのだ。

▲▼▶および次ページ／ハダカデバネズミ、ハツカネズミ、チンパンジー、クジラはみんな、共通の祖先から進化した。

ケンブリッジ大学のダンカン・オドム博士とそのチームは、制御スイッチこそが進化の舞台であることを発見した。オドム博士らは、6500万年かけて共通の祖先から進化したヒト、ハツカネズミ、ウシ、ハダカデバネズミ、クジラなど20種類の哺乳類のゲノムを調べた。タンパク質をコードする遺伝子配列は、これらすべての種のあいだでよく似ている傾向があったが、オドム博士らは、時がたつにつれ、制御スイッチが大きく変わったことに気づいた。ヒト遺伝子の多くは、特に子宮内で妊娠中に、胎児の体内でいくつかの役割を果たす。そこで、タンパク質をコードする遺伝子配列になんらかの大きな変化があると、胚の成長に重大な悪影響が及ぶこともある。この研究結果によれば、今いる哺乳類の種の純然たる多様性は、タンパク質の変化というより、いつ、どこで遺伝子のス

CHAPTER 8 スイッチの入れかた 113

イッチが切り替わるかに変化が起こったからだと考えられる。身近なところでも、大人になってからも牛乳が飲めるかどうかや、青い目になるかどうか、さらに髪や肌の色にまで、制御スイッチへの変化がヒトの形質や特徴に影響してきた例はたくさんある（▶108および110ページのコラム参照）。

　ここまで、制御スイッチと転写因子がどのように遺伝子を適切な時に適切な場所で、あるいは環境の変化に応じて活性化させるかを学んできた。次章では、DNAに貼られた特別な分子の"ふせん"が、遺伝子活性パターンの固定化を助け、どの遺伝子が使われるはずなのか、どの遺伝子が静止すべきなのか細胞に記憶させる様子を見てみよう。

多指猫の親指

　作家アーネスト・ヘミングウェイのフロリダ州にある私有地を訪れる人は誰でも必ず、家や庭を歩き回っている指の多い猫に気づくだろう。このいわゆる多指猫たちは、親指があるように見え、4本の足はかわいい毛皮のミトンのようになっている。この猫たちのDNAを調べたエディンバラ大学のボブ・ヒル教授が率いるチームは、余分な指がソニック・ヘッジホッグという遺伝子の制御スイッチの機能不全から生じることを発見した。この遺伝子は、子猫が子宮で育つあいだに指の形成を指示する役割を果たす。その変化によって、足の発達の重要な段階でソニック・ヘッジホッグ活性化のタイミングが変わり、過剰な指がつくられる。ヒトにも、一種のソニック・ヘッジホッグ遺伝子がある。ヒルらは、胎児が子宮内で育つあいだにその遺伝子を活性化させる制御スイッチに同様の変化が起こると、余分な手指や足指のある赤ちゃんが生まれることを発見した。

▲この猫のような多指猫は、遺伝子のスイッチに変化がある。

CHAPTER **9**

遺伝子の
ふせん

適切な時に適切な場所で遺伝子のスイッチを入れるだけではじゅうぶんではない。細胞は、どの遺伝子を活性化させ、どの遺伝子を静止させておくべきかを記憶する必要がある。

すべての細胞は同じDNAをひと揃い持っているが、体のなかで細胞は別々の仕事をする。たとえば肝細胞は肝臓特有の遺伝子のスイッチをオンにし、筋細胞は筋肉の遺伝子活性をオンにする。こういう遺伝子活性のパターンは、生命の始まりにまでさかのぼって、ヒトがたった1個の受精卵から胎児になり、次に赤ちゃんから大人になるまで続いていく。

CHAPTER 11で明らかにするが、ヒトは同一幹細胞の小さなかたまりから始まる。ただしこれは、適切な遺伝子を適切な時に活性化させるだけの問題ではない。細胞が自ら決めたことを記憶し、遺伝子活性の正しいパターンを維持していくことが不可欠だ。皮膚細胞が突然、体をつなぎ合わせる丈夫なタンパク質をつくる遺伝子のスイッチをオフにして、代わりに消化酵素をつくり始めては困る。同じように、脳の神経細胞は決して筋肉タンパク質をつくってはならない。

前章で見てきたとおり、遺伝子は、特別なDNA配列（エンハンサー）に結合した転写因子というタンパク質群によって活性化される。転写因子がスイッチとして働き、遺伝子を読み取る機構に作用して、遺伝子のRNAへの転写を開始させる。DNA塩基配列にコード化された遺伝子のデータの上にもう1つ複雑な層があり、これはエピジェネティクスと呼ばれる。

遺伝子のDNA配列がタンパク質をつくるレシピとして働くとすれば、ゲノム内のエピジェネティクス情報は、どこにある遺伝子を使うべきかを細胞に思い出させる一連のふせん、ある

▲エピジェネティック・マークは分子のふせんのようなもの。

いは蛍光ペンのようなものだ。細胞のなかには、おもに2種類のエピジェネティック・マークがある。ヒストン修飾（DNAを収納しているタンパク質についた分子の"タグ（目印）"）と、DNAメチル化（DNA自体の化学的修飾）だ。

DNAの収納

あらゆる細胞の核には、2.2メートルのDNAが23対の染色体に分かれて収納されている。すべてをうまく収め、もつれ合わないようにするため、各染色体のDNAはヒストンと呼ばれるボール状のタンパク質に巻きついている。全体として見ると、糸でつないだビーズのようなタンパク質とDNAの鎖になる。ヌクレオソームと呼ばれる各ビーズは、4つのヒストンタンパク質に146塩基対のDNAが2回巻きついた構造になっていて、それぞれのあいだに20〜80塩基対がはさまっている（▶右図参照）。

このDNAとヒストンの複合体は通常、クロマチンと呼ばれる。これは、19世紀のドイ

ツの細胞学者ヴァルター・フレミングが、細胞核内に染料で容易に着色できる糸のような構造を見つけたときに、初めて名づけられた。DNAは二重らせんなのでひとりでにねじれる傾向があるが、ヌクレオソームは連なりコイル状に巻かれて積み重なり、よりまとまった構造になる。細胞分裂の準備ができると、そのコイルはさらにねじれて、CHAPTER 4で示したようなX形の染色体を形づくる。

ヒストンには、DNA自体が巻きついたボール状のコアに加えて、ヌクレオソームから突き出した"テール（しっぽ）"がある。テール内の所定の場所は、ヒストン修飾と呼ばれる化学的な"目印"の最適な場所になる。一般的なヒストン修飾の例としては、アセチル化やメチル化、さらにリン酸化、ユビキチン化、SUMO化などがあり、それぞれが特有なタイプの目印となる。

そして、これらの異なる目印には特定の意味がある。ヒストン修飾のパターンは、細胞にどの遺伝子のスイッチをどう切り替えるべきかを記憶させ、独自性を維持させるのに重要な役割を果たしていると考えられる。たとえば、ヒストンのアセチル化はクロマチンを開かせるタンパク質を引きつけ、RNAポリメラーゼと遺伝子読み取り機構をDNAにアクセスし

▼染色体とDNAの関係モデル図。染色体はクロマチン線維からなり、クロマチン線維はDNAがヒストンコアに巻きついたヌクレオソームからできている（ただし、クロマチン線維は通常、これほど整然とはしていない）。

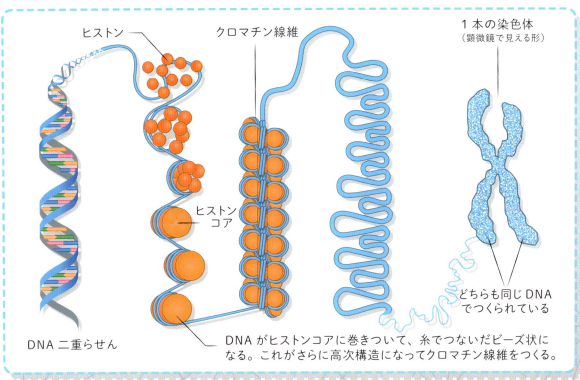

エピジェネティクスという言葉の意味

▲コンラッド・ワディトン（パイプをくわえた人物）が"エピジェネティクス"という言葉をつくった。

"遺伝学を超えたもの"という意味のエピジェネティクスという言葉は、20世紀半ばにイギリスの生物学者コンラッド・ワディトンがつくった。ワディトンはショウジョウバエの研究中、温度を変えたり、特定の化学物質にさらしたりなど、環境に変化を加えると、ハエの姿に影響が及ぶことに気づき、環境がなんらかの形で遺伝子と通じ合っているらしいと考えた。今日では、その言葉はおもに、DNAとそれがコードするタンパク質とRNA、さらに体の内部と周囲の環境すべてが一体になって、ひとりの人間をつくり上げる道すじを描写するのに使われる。ただし一部の科学者たちは、細胞分裂の際に受け継がれるか、世代を超えて親から子へ伝わる遺伝子活性の変化を描写する場合だけに使うべきだと思っている。科学者たちのなかには、エピジェネティクスという言葉を、遺伝子のスイッチの切り替わりかたに影響する何もかもを表せる用語として使っている人もいる。

やすくさせて、遺伝子を解読できるようにする。さらに、ある種のヒストンのメチル化は、クロマチンをきっちりまとめて閉ざし、その領域にある遺伝子のスイッチを効率的に切って停止させる働きに関係している。

メチル化の発見

DNAは、アデニン（A）、シトシン（C）、チミン（T）、グアニン（G）の4つの反復する化学塩基（文字）からなっている。1940年代に、研究者たちは通常のシトシンに加えて、5-メチルシトシンまたはmeCと呼ばれる（単にDNAメチル化と呼ばれることも多い）わずかに異なる形も存在することを発見した。これにはメチル基という小さい化学的な目印がついている。この改変型は、ヒトゲノム内のDNA塩基全体の約1パーセントを占めている。

重要なのは、このmeCの文字が、遺伝子全

体にでたらめに散らばっているのではなく、ごく限られた場所に見出されていることだ。科学者たちは膨大な時間をかけて、がんなどの病気を含め、さまざまな組織と器官でのmeCのパターンを詳細に調べて、多様な人のメチル化パターンを比較した。主として、DNAメチル化は、ゲノムの非コード領域、特にはるか昔に機能を失ったウイルス様反復配列（レトロエレメント）を含む部分に生じやすい。科学者たちは、こういう配列がゲノム内を飛び回って損傷を与えたり、偶発的に遺伝子を活性化させたりするのを、メチル化が防いでいるのではないかと考えている（▶CHAPTER 15参照）。

　ある種の遺伝子、特にインプリント遺伝子の始点近くにもmeCの連なりがいくつかあり（▶CHAPTER 14参照）、さらには子宮での発育に重要な役割を果たすものもある。DNAメチル化は、クロマチンの閉鎖を助けるタンパク質を引き寄せることで、遺伝子のスイッチを切る働きがあるとよく言われる。けれども、静止した遺伝子とDNAメチル化の相互関係はまだ見つかっていないので、この修飾が遺伝子活性にどんな影響を与えているのかはまだ不明だ。

　科学者のなかには、DNAメチル化やヒストン修飾などのエピジェネティック・マークが、遺伝子のスイッチ切り替えを直接制御するのに重要な役割を果たしていると考える人もいる。一方、それに結合している基本的なDNA配列や転写因子のほうが、遺伝子活性を指示するうえではるかに重要だと考える人もいる。彼らの主張によれば、エピジェネティック・マークはむしろ道しるべや掲示板に近い働きをしていて、基本となる遺伝子について追加情報を与えているという。錠のドリた店の扉に閉店の札をかけるようなものだ。客を入れないのは札ではなく錠だが、注意書きが追加情報を与えるので、客は最初から入ろうとは思わない。

遺伝子と環境の橋渡し

　基本となるDNAコードとは違い、エピジェネティック・マークは永続的ではなく、厳密でも不変でもない。別の場所から細胞内に伝わるシグナルに特別な酵素が反応すると、容易に着いたり外れたりする。感染症など体内の環境でも、気温の上昇や有害化学物質の存在など外部の変化でも、それは起こりうる。このように、エピジェネティクスは、生まれ（遺伝子）と育ち（環境）のあいだの重要な橋渡しをする。実際によく見られるのは、環境がゲノムに"話しかけ"、生活がもたらすさまざまな変化や問題に対する細胞の応答を助けるというふるまいだ。

┃ エピジェネティクスとがん ┃

　細胞の分裂と死滅を制御する遺伝子の変化は、がんの大きな原因になるが（▶CHAPTER 16参照）、腫瘍が、重要な遺伝子でのDNAメチル化やヒストン修飾を含むエピジェネティック修飾の様式を変えることが、現在明らかになっている。研究者たちは現在、これらのマークの変更あるいはリセットを目的とした薬を開発し、試験を行っている。そういう薬は、数種類の腫瘍（特に血液のがん）の治療に有望な結果を示している。興味深いことに、2015年のある研究では、DNAメチル化を除去する薬が細胞をだまして、特定の遺伝子におけるメチル化のマークを変えたのではなくウイルスに感染したと思わせることで、うまく働くことが示された。もちろん、エピジェネティック治療ががん治療の柱になるまでの道のりはまだ長いとはいえ、これは刺激的な成長分野だ。

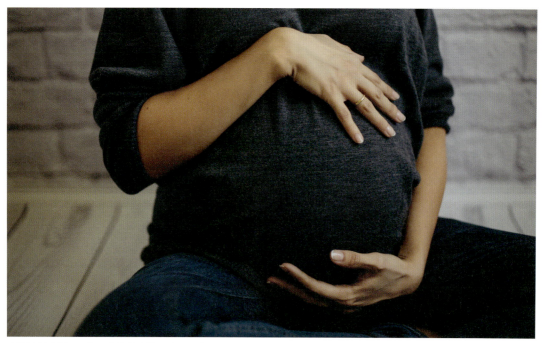

▲遺伝子と環境は、命のごく初期段階から相互に作用する。

　生まれと育ちのエピジェネティックな相互作用を理解すれば、なぜ遺伝子が細胞にすべきことを命令する完ぺきなコードではないのかが明らかになる。また、なぜ一卵性の双子が、同一の遺伝子を持っているのに正確なコピーではないのかもわかる。発達のごく初期から、ふたりのあいだにはわずかにエピジェネティックな相違があるのかもしれない。双子が成長して年齢が進むにつれてその違いは積み重なり、そのあいだに特有の遺伝子変異も加わる（▶CHAPTER 4参照）。また、エピジェネティックな変化はがんを含む多くの病気にも関わっている場合がある（▶121ページのコラム参照）。世界じゅうの研究者は懸命にその働きを調べ、食品や薬によってエピジェネティック・マークを操作する方法を見つけようとしているが（▶125ページのコラム参照）、その試みはまだ初期段階にとどまっている。

世代を超えて受け継ぐ

　科学者たちは何世紀にもわたって、ヒトが生涯のあいだに得た特徴が、世代を超えて受け継がれるのかどうか知りたがっていた。18世紀のフランスの生物学者ジャン＝バティスト・ラマルクは、受け継がれると信じていた。一例として、キリンの長い首は、先祖が一番おいしい葉を取ろうとして、高い枝に向けて首を伸ばす習性が伝わった結果だと考えた。しかしその見解は、DNAが遺伝情報を親から子へ伝える役割を担い、そういう特徴が進化の過程で選択されることが明らかになると、信憑性を失った。一方、ある種のエピジェネティック・マークが世代を超えて伝わり、親に生じた環境の変化が子の特徴に影響を与えるやりかたがあるらしいという証拠もますます増えている。

▲アグーチ・バイアブル・イエロー遺伝子に異なるエピジェネティック・マークを持つ2匹のマウス。

▶キリンの進化について、ラマルクの見解は正しいとはいえなかった。

　その好例として、毛の色に影響する「アグーチ・バイアブル・イエロー」と呼ばれる遺伝子を持つマウスがあげられる。著名な分子生物学者エマ・ホワイトロー教授が率いるオーストラリアの研究グループは、その遺伝子のそばに、DNAメチル化のよい標的になるひと続きのDNAを発見した。メチル化されなければ、遺伝子にスイッチが入る可能性が高まり、淡黄色あるいは黄色の毛になる。メチル化が増えれば（そして黒っぽい毛になれば）おそらく遺伝子のスイッチが切られているということだ。妊娠したメスのマウスにDNAメチル化を増やす補給物を与えると、黒っぽい毛を持つ子が多く生まれるが、メチル化を取り除く異なる化学物質を与えると、黄色の子が生まれる。しかも、メチル化と遺伝子活性のこういう変化は、世代を超えて伝わるらしい。これが世代間エピジェネティック遺伝と呼ばれる現象だ。

CHAPTER9　遺伝子のふせん　123

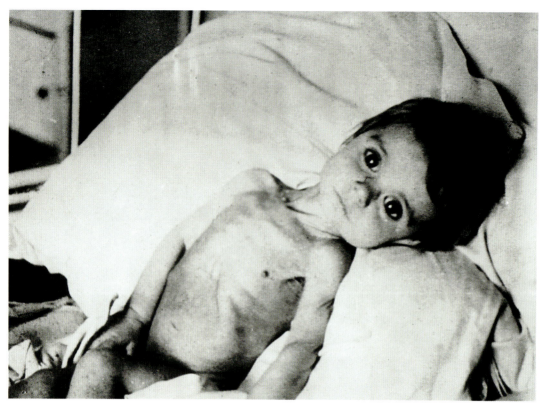

▲第二次世界大戦末期（1945年）、オランダの病院に入院中の栄養不良の子ども。

　科学者たちは現在、人間において、親の食事や生活習慣、環境の変化が、子どもや孫、あるいは曾孫の遺伝子活性にまで同様のエピジェネティックな影響を与える証拠を探っている。おそらく最も顕著な例は、第二次世界大戦末期に短期間、オランダで起こった「オランダ飢餓の冬」と呼ばれる深刻な飢餓だろう。飢餓の最中に妊娠初期だった女性たちから生まれた子どもは、成長するにつれて、肥満や糖尿病、心臓障害など、なんらかの健康問題をかかえるリスクが高まった。さらに、その子ども（最初の母親の孫）にも同様の問題が生じるという証拠があり、これは飢餓に対応して起こったエピジェネティックな変化が受け継がれたものと考えられる。

　他にも複数の研究の主張によれば、第二次世界大戦中のホロコーストやニューヨークの9.11同時多発テロのような精神的衝撃の大きい出来事によって、エピジェネティックな変化が遺伝する可能性があるという。しかし、研究者たちのほとんどはその結果に納得していないので、実際にそれが起こることを証明するには、さらに詳しい研究が必要だ。

　エピジェネティックな情報がどのように親から子へ伝わるのかもはっきりしていない。一説によると、DNAメチル化やヒストン修飾のようなエピジェネティック・マークは、生殖細胞（卵子または精子をつくる細胞）のなかで消されて

しまう。けれども、ヒト生殖細胞研究の新たな結果によると、少なくともいくつかのDNAメチル化のマークはすり抜ける可能性がある。一部の科学者は、RNAの小さな断片が卵子と精子に入り込み、環境の変化に応じて、ある種の遺伝子活性に影響するのではないかと考えている（▶CHAPTER 10参照）。世代間エピジェネティック遺伝の働きかた（もし本当に人の体内で起こっているのであれば）については、まだ学ぶべきことがたくさんある。きわめて刺激的な科学の新分野だ。

　ここまで、エピジェネティック・マークがどのように遺伝子活性に影響するかを簡単に見てきた。次章では、RNA自体がどのように遺伝子のスイッチを切るのかを詳しく見てみよう。

■ ゲノムの改造 ■

　エピジェネティック機構を通じて環境が遺伝子に語りかけるという発見に続いて、行動を変えることで細胞内のエピジェネティック・マークを変更し、健康を改善できるかどうかが研究されている。研究の多くはマウスなどの動物をモデルに使って行われているが、最近では人を対象とした研究も増えている。たとえば、スウェーデンのある研究チームは、有志の人々に6カ月の運動プログラムを実施してもらったあと、脂肪細胞のDNAメチル化のパターンに変化が見られたことを示した。他の研究者たちは、ブロッコリーや赤ブドウ、食物繊維、ニンニクなどの食品に含まれる化学物質が、エピジェネティック修飾を変えるかどうかを調べている。ニュートリゲノミクス(栄養ゲノム学)と呼ばれる分野だ。

　カナダの科学者たちによれば、幼児期に虐待を受けると、何百もの遺伝子にそれとわかるエピジェネティック・マークが残る可能性がある。その他、ライフスタイル指導者たちによれば、単純に考えや気持ちを変えるだけでエピジェネティクスに影響を与えられるそうだが、それを証明する説得力のある証拠はない。ここでの大きな課題は、そういう生活習慣の変化がエピジェネティック・マークを確実に変える（別の過程が働いてエピジェネティックな変化が起こったのではない）ことを証明し、それらの変化が遺伝子の活性化に影響することを示し、さらにこれが長期的な健康と病気のリスクを左右するかどうかを明らかにすることだ。これらの疑問すべてに答えるには、膨大な研究が必要になる。

CHAPTER 10

RNAの世界

遺伝子活性の微調整から将来的な治療の基盤づくりまで、RNAはただの分子メッセンジャーというよりも、はるかに大きな役割を担っている。

ここまで、RNA（リボ核酸）を、遺伝子とそれがコードするタンパク質の橋渡しをする分子メッセンジャーという形で見てきた（▶CHAPTER 3参照）。これはもちろん重要な役割だが、それだけではない。RNAは多様な形と大きさで現れ、細胞のなかでさまざまな仕事をしている。自ら対になって2本鎖RNAやもっと大きく複雑な3次元形状をつくることや、1本鎖DNAと結合してRNA-DNAハイブリッドを生み出すこともできる。また、タンパク質と組み、細胞内で重要な仕事をするリボザイムという生物学的な"マシン"もつくれる。リボザイムの好例は、よく似た名前のリボソーム、つまりタンパク質合成を担う分子マシンだ。リボザイムは、アメリカの科学者シドニー・アルトマンとトーマス・チェックが初めて発見した。ふたりはRNAの謎のいくつかを解明したことで、1989年にノーベル化学賞を受賞した。

▼ノーベル賞受賞者シドニー・アルトマン。

　すべては、ヒトの細胞内に大量のRNAが漂っていることを示している。ヒトゲノムのなかで、伝令RNA（mRNA）に転写され、タンパク質をつくらせる遺伝子は2パーセント未満なのに、他にもDNAの領域の多くがRNAに転写されることがわかってきた。これをすべてまとめるとゲノムのかなりの部分を占めるが、多くの場合、こういうRNAすべてが何をしているのか、なぜそんなに大量につくられるのかはまだわかっていない。

メッセージ以上のもの

　CHAPTER 3では、遺伝子がどのようにRNAポリメラーゼに読み取られ、RNA転写がつくられるかを見てきた。これらが継ぎ合わされ（スプライシング）、キャップとテールをつけられ、完全にプロセシングされた伝令RNAがつくられたあと、リボソームによって翻訳されてタンパク質が合成される。ほとんどの遺伝子はタンパク質をつくるための指令を備えているが、一部の遺伝子はRNAに転写されてもまったく翻訳はされない。これは非コードRNAと呼ばれ、翻訳はされないが、RNA自体が細胞内で重要な役割を担う。たとえばリボソーム自体に、特別なリボソームRNA遺伝子からつくられた大きなRNA断片が含まれている。また、タンパク質がつくられるときにはいつでもアミノ酸基本成分を運ぶ転移RNA（tRNA）もある（▶CHAPTER 3参照）。もう1つの例は、X染色体の不活性化状態（雌性細胞のX染色体2本のうち1本が一生涯、不活性になっている）で、これはXIST（イグジスト）と呼ばれる翻訳されないRNAによって生じる（▶CHAPTER 14参照）。

　他にも別の種類の非コードRNAがあり、ここから話が複雑になっていく。とても短いもの

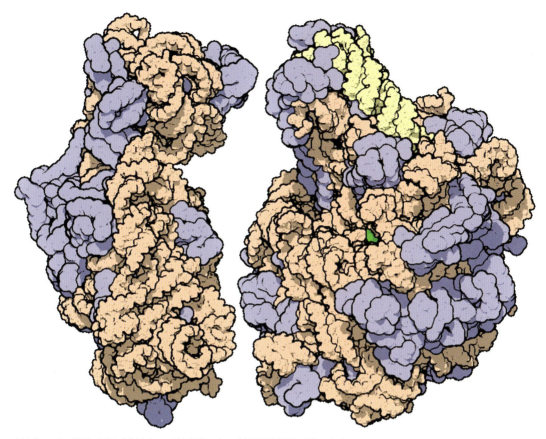

▲リボソームの略図。RNA成分はオレンジと黄色、タンパク質部分は青で示してある。

からとても長いものまで、ゲノムの多くの領域から転写される数種類のRNAが発見されている。たとえば、siRNAやマイクロRNAと呼ばれる小さなRNA断片（▶後述）では、これらの分子が細胞内でどんな働きをするのかがわかっている。lncRNA(long non-coding RNA)と呼ばれる多数の長鎖非コードRNAもあるが、その多くの機能は不明だ。なかには逆方向から転写されたもの（いわゆるアンチセンスRNA）、2つの遺伝子のあいだにある領域から解読されたもの（長鎖遺伝子間非コードRNA、またはlincRNA）や、遺伝子の制御スイッチから解読されたもの（エンハンサーRNA）もある。さらに、偽遺伝子として知られる、遠い昔に死んでいる"ゾンビ遺伝子"もある（▶135ページのコラム参照）。

ヒト細胞には何千種類ものlncRNAが発見されていて、それらの数は約5000から5万以上にまで及ぶと推定されている。これらのlncRNAは、たいてい細胞内の全RNAのきわめて小さな割合を占めるにすぎない。それゆえ一部の科学者は、たいして重要ではないかもしれないと考えてきた。細胞核内には大量のRNAポリメラーゼがあり、たくさんの転写が起こっているので、遺伝子読み取り機構が通り過ぎるとき、DNAの一部の領域が誤って読み取られる可能性はある。

別の説によれば、いくつかの非コードRNAは、核内のDNAと遺伝子活性を整理する重要な役割を果たしている。道しるべとして働き、遺伝子のスイッチを切り替えるタンパク質を引き寄せているのかもしれない。さらには、あやとりのような働きをしているのかもしれない。この考えによると、指があやとりのひもをしっかり支えるように、1つのlncRNAが特定のDNA配列に貼りつき、特別な「グラッビング（ひっつかむ）」タンパク質の連結場所をつくって、DNAを正しい3次元形状にし、遺伝子の活性化を可能にする。

　以前には、RNAの研究はむずかしかった。DNAよりずっとすばやく分解してしまうからだ。より高精度のRNAシークエンシング技術が開発された現在では、比較的少量の細胞サンプルで微量のRNAを調べることが容易になっている。そのおかげでlncRNAのリストはどんどん長くなっているが、新たに発見された転写のすべてが、実際に機能を持つのか持たないのかはまだ不明のままだ。これは現時点で特に旬の話題になっていて、世界じゅうの科学者たちが、ゲノムのジャンクDNAと同様、どのlncRNAが有用で、どれがただの"ジャンク"RNAなのかを解明しようと努めている。

▼いくつかのノンコーディングRNAは、あやとりの手のような働きをして、DNAの3次元構造をつくっているのかもしれない。

DNA より RNA？

　もし細胞内の分子すべてが人気コンテストを開催したら、きっとDNAが勝つだろう。メディアや広告キャンペーン、テレビ番組、映画のなかで、DNAのことはよく耳にする。いったい誰が、"自分のRNAのなか"にある歌や絵の才能について話すだろう？　しかし、RNAはDNAやタンパク質が登場するよりはるか昔に地球上にあったという証拠が次々に見つかっている。40年以上前、フランシス・クリック（DNA構造の共同発見者のひとり）のような科学者たちは、RNAが形づくる複雑な3次元構造が、分子同士を結合させるなどの生物学的な仕事に利用されているのかもしれないと考えた。

　これは、リボソーム（細胞内の主要なタンパク質合成マシン）のおもな機能部分がタンパク質ではなくRNAからなるという事実に裏づけられている。RNAは、文字配列の情報をコード化し、自らを精確に複製できる。それはなんといっても、生命の基本原理なのだ。RNAがDNAやタンパク質より先に現れたことは広く受け入れられているが、進化したいちばん最初の複雑な分子なのかどうかはまだはっきりしない。異論はあるものの、そこにいたるまでに、DNAやRNAよりもっと単純な分子に基づいた別の段階があったのかもしれない。

小さいけれど力持ち

　こういう長鎖非コードRNAに並んで、数種類の短鎖非コードRNAがある。1980年代に発見されたこれらのRNAは、遺伝子の働きかたをコントロールする重要な役割を果たしている。当時、アリゾナ州の研究者たちは、ペチュニアに余分な紫色の色素遺伝子を加えて、花の色を変えようとしていた。ところが、色素遺伝子の複製を大量に加えても花が濃い紫色に変わることはなく、花びらが紫と白のめずらしい模様になることがわかった。つまり、紫色の遺伝子は大量の色素をつくるのではなく、それぞれの花をつくる細胞のどこかにあるスイッチを切っているようだった。

　イタリアの研究者たちは、パンカビに余分な色素遺伝子を追加したとき、似たような現象が起こったことに気づいた。余分な遺伝子はカビを濃い色にはせず、カビ自体の色素遺伝子のスイッチを完全に切ったようだった。

　アンドリュー・ファイアーとクレイグ・メロー（ともにアメリカの科学者）はこれらの奇妙な観察結果をひとまとめにし、小さな線虫を使って独自の実験を行った。ふたりはRNA干渉（RNAi）と呼ばれる現象を発見した。これは、遺伝子から転写されたRNAと対になるようつくられたアンチセンスRNAによって起こる。特定の遺伝子に対するアンチセンスRNAが細胞内に入ると、類似するmRNAと対になり、2本鎖RNAがつくられる。この種のRNAは通常ウイルスにのみ見られるので、細胞はウイルス感染から自身を守るかのように、それを切り刻もうとする。けれども、そうすることで遺伝子のためのmRNAを（アンチセンスRNAとともに）切り刻んでしまい、タンパク質がつくられなくなる。紫色のペチュニアの場合、花びらの白い部分は色素タンパク質の欠乏によって起こる。色素遺伝子のmRNAがすべて壊されてしまうからだ。

　RNA干渉の効果をさらにいっそう上げるもう1つの手順がある。siRNAと呼ばれる切り刻

Chapter10　RNAの世界　131

▲花びらの白い部分は
RNA干渉によってできる。

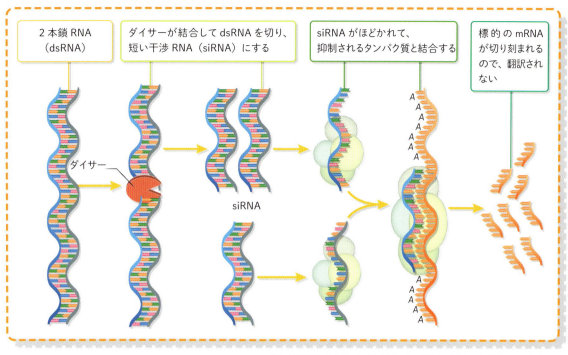

▲2本鎖RNAまたはsiRNAを使って、遺伝子を"ノックダウン"できる。

まれた2本鎖RNAの小さな断片も、ともに働いて、核内のタンパク質を静止させ、転写をすべて停止させることができる。さらにmRNAからのタンパク質合成を止め、遺伝子の解読を妨げることができる。さらなる実験では、適切なsiRNA断片を直接細胞に加える（あるいは線虫に食べさせる）だけで、どの遺伝子のスイッチを切るにもじゅうぶんであることが示された。RNA干渉は、線虫だけに当てはまるわけではなく、ヒトを含むあらゆる動物の体内で起こっている。

ファイアーとメローは、RNA干渉の発見によって、2006年のノーベル生理学・医学賞を受賞した。RNA干渉は生物学者にとって、驚くほど役立つツールであることがわかった。それぞれのsiRNAはたった21文字の長さで、化学反応を利用して試験管のなかでつくれる。したがって理論的には、どんな細胞型にあるどんな遺伝子のスイッチでも切る（ノックダウンする）ことが可能になる。この技術のおかげで、実験室で培養した細胞でも、線虫やショウジョウバエなどの小さな生物でも、遺伝子をノックダウンさせたらどうなるかを容易に手早く観察できるようになった。その技術のすばらしい力に注目した製薬会社は、多様な病気に対するRNA干渉を基盤にした治療法の開発に、大きな関心を寄せている。

その第一弾であるホミビルセンは、エイズを患った人のウイルス感染を治療するために開発され、1998年にアメリカ食品医薬品局（FDA）に承認された。もう1つのRNAベース医薬ミポメルセンは、遺伝性高コレステロールの治療

Chapter10　RNAの世界　133

輪になるRNA

ここまで、直線的な文字配列のRNAを見てきた。mRNAの長い鎖や長鎖非コードRNA、さらにはsiRNAやマイクロRNAの短い断片などだ。しかしごく最近、また新たな形のRNAが発見された。2012年、カリフォルニア州スタンフォード大学のジュリア・サツルマンが率いるチームが発表した研究では、何百個ものヒト遺伝子が、完全な環状になるRNAをつくることが示された。これらの起源と機能はまだ不明だが、余分なマイクロRNAを吸い取る一種の分子のスポンジではないかと考える科学者もいる。環状RNAが大量につくられているという事実にもかかわらず、これまで誰も気づかなかったので、その発見は大きな驚きを呼んだ。わたしたちの細胞には、他にも別種類のRNAが、発見されないまま、ひそかに存在しているのかもしれない。

に使われている。とはいえ、ここにいたるまでには数多くの失敗があった。2本鎖RNAを体の適切な場所に運び、次に細胞内に挿入するのはむずかしいからだ。研究者たちは数々の落胆にも負けず、現在多くの新たなRNAベースの治療やワクチンで、新しい薬物送達システムの開発に取り組み、臨床試験を行っている。

ゲノムの微調整

研究者たちは、siRNAだけでなく、マイクロRNAと呼ばれる別の短い2本鎖RNAの断片も発見した。これらはsiRNAよりほんの少し長く（21文字ではなく22文字）違う方法でつくられる。マイクロRNAは、何百もの特別な遺伝子から転写された長いRNAから生み出される。この長い転写物のそれぞれが折りたたまれて、2本鎖RNAをつくり、それが切り刻まれて6本の異なるマイクロRNAになる。ヒトゲノムからは、ぜんぶで1000個以上のマイクロRNAが生み出され、その多くは脳内でつくられる。では、実際にはどんな働きをしているのだろう？

標的となる遺伝子配列と正確な対になるはずのsiRNAとは違って、マイクロRNAはあまり正確に合致していない。その結果、対になりうるmRNAが数種類あり、ヒト遺伝子の約60パーセントはマイクロRNAの標的になる。通常のRNA干渉と同じように、特定のマイクロ

ゾンビ遺伝子

ヒトゲノムには、いわゆる偽遺伝子が散らばっている。これらは"死んでいる"遺伝子で、もともとタンパク質をコードする機能的な遺伝子として出発したが、進化の歴史のある時点で傷つくか壊れるかしたものだ。ホラー映画で死んだ人間がゾンビとしてよみがえるように、この死んだ遺伝子も一部がふたたび働き出して、RNAに転写されることがある。もうタンパク質はつくらないが、ゾンビ遺伝子から生じたRNAは"生きている"遺伝子に干渉して、その活動パターンを変え、細胞の機能に影響を与えるかもしれない。ホラー映画の登場人物ほど刺激的ではないが、このゾンビ遺伝子は生物学的に大きな影響力を持つ可能性がある。

RNAが、適合するmRNAのいずれかを切り分けて、タンパク質をつくるための翻訳ができないようにする可能性がある。他にも、遺伝子活性レベルに対するマイクロRNAのもっと微妙な影響として、エピジェネティック・マーク（▶CHAPTER 9参照）を変化させて遺伝子のスイッチを切る場合がある。逆に、ときには正反対に作用して、遺伝子のスイッチを入れることすらある。

科学者たちの現在の考えでは、マイクロRNAは遺伝子活性を微調整する役割を務め、すべてが適切なレベルで働き続けるのを助けている。したがって、ある種のマイクロRNAの不具合が、がんや心臓病などの病気、肥満やアルコール依存症などの健康問題につながっていても不思議ではない。サイズは小さくても、マイクロRNAは間違いなく大きな影響力を持つが、この小さな分子がどのように遺伝子と健康の制御に役立っているかについては、まだ学ぶべきことがたくさんある。

ここ数章で、遺伝子のスイッチがどのように適切な時に適切な場所で切り替わるのかを詳しく見てきた。次は、ズームアウトして、そのことが赤ちゃんがつくられるまでの複雑な過程で、どのように働くのかを見てみよう。

CHAPTER 11
赤ちゃんが できるまで

たった1個の細胞がじゅうぶんに成長して赤ちゃんになるまでの道のりは長く複雑だ。この驚くべき旅へと、わたしたちを導いてくれる遺伝子の規則とパターンの一部が、研究によって解明され始めている。

あらゆる人間は、卵子と精子が出会ってつくられるたった1つの細胞（接合子）として出発し、遺伝子活性、細胞の分裂と分化という複雑なプログラムを開始する。1個の細胞は分裂して2個になり、次に4個、8個、16個……と増え、細胞は次第にまとめられて、別々の役割を持つ組織や器官になっていく。およそ40週後に、赤ちゃんは生きるのに必要な器官すべて、つまり脳、心臓、肝臓、肺、腎臓、その他いろいろなものを身につけて、生まれる準備ができる。ここまでに、遺伝子のスイッチが次々に切り替わり、それぞれが次の発達段階の場面を整える。まるで、次のレベルにたどり着くために各レベルをクリアしなければならないコンピューターゲームのようだ。

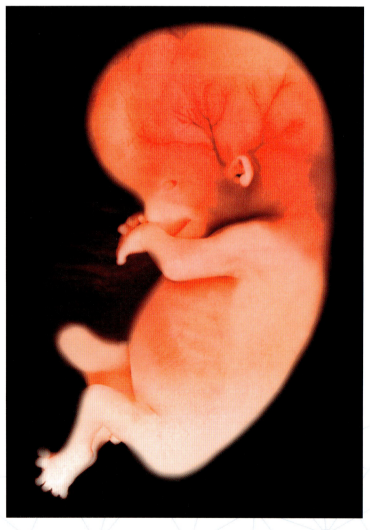

◀妊娠約8週のヒトの胎児。

DNAに書き込まれた遺伝暗号が、環境とエピジェネティクス（▶CHAPTER 9参照）の影響も合わさって、どのようにして人間というすばらしいものに翻訳されるのかを解明するのは、発生生物学の大きな挑戦と言える。すべてがうまく働いているとき遺伝子が胚発育をどのように指示するのかを見出すだけでなく、物事がうまくいかないときに起こることに光を当てるのにも役立つ。妊娠全体の多くとも5分の1は流産で終わっていて、そのほとんどはごく初期段階で起こっている。親なら誰でも子どもが健康に生まれてくることを願うが、遺伝継承的あるいは突発的な遺伝子変化が、軽度から最重度までさまざまな度合いの異常や障害につながることがある。

明らかな倫理的、道徳的、そして実践上の理由から、ヒト発育に関わる遺伝子研究はむずかしい。特に妊娠最初期のヒトの胚や胎児を研究目的のために手に入れるのは、多くの国できびしく規制されていて困難だ。代わりに、科学者たちはマウスやサルのような小動物で研究している。ヒトと同じく哺乳類で、発育のしかたがよく似ているからだ。では、生命の最も初期まで時計の針を戻して、一連の発達段階をいくつかの例で見てみよう。

出発点

受精が体外受精（IVF）などの技術を使うのではなく、性交で起こったとすると、受精卵から赤ちゃんまでの旅は、女性の卵巣と子宮をつなぐ2本の卵管のうちの1本で始まる。受精卵は数日かけて子宮にたどり着き、その道のりで1つの細胞から分裂して、数百個の細胞でできた、なかが空洞の小さい玉（胚盤胞）になる。なかに

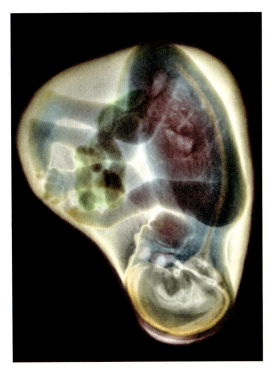
▲妊娠27週ごろのヒトの胎児。

収まっているのは、内部細胞塊という胚性幹（ES）細胞のかたまりだ。胚性幹細胞は体のどんな種類の細胞にでもなれる能力があり、成長し、分化し、胎児のあらゆる器官と組織を形づくる。この特性は多分化能と呼ばれる。

次の段階は着床だ。胚盤胞が子宮にたどり着くと、外側の細胞（栄養膜と呼ばれる）が子宮壁にもぐり込み、成長する胎児が酸素と栄養をとるための胎盤がつくられ始める。旅の一環として幹細胞は分裂し続け、さらに構造化された胚になる。じつは、このごく小さい胚はすでに組織化され始めていて、特定パターンの遺伝子のスイッチが入っている。たとえば、"Oct4" という遺伝子は、胚性幹細胞が多分化能（どんな種類の細胞や組織にも発達できる能力）を確実に維持するのに重要なので、内部細胞塊のなか

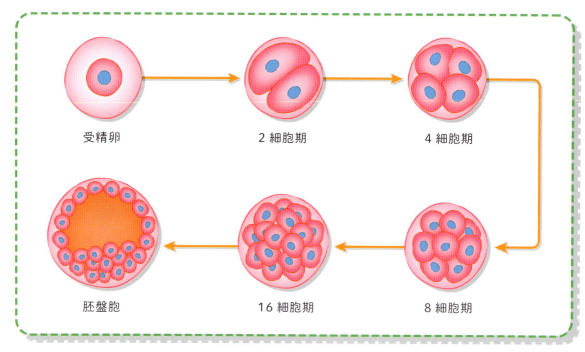

▲胚発育の初期段階。

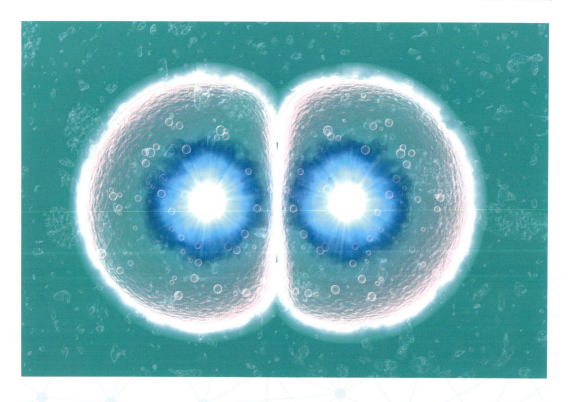

だけで活性化し、栄養膜内ではスイッチが切られている。

上と下、内と外

あらゆる哺乳動物と同じく、ヒトには上下と前後、左右（心臓と胃と脾臓は左、肝臓は右）がある。これらの位置は、発生のごく初期に決まる。魚やカエル、鳥など動物の卵細胞でも下半分に大きな卵黄のかたまりがあり、これによって、受精時に上か下かの位置が決まる。ヒトの卵子は対称的なので、対称性を破って上下が区別されるには、何かが起こらなくてはならない。マウスとサルを使った実験によると、精子が卵子に入った場所は、受精した接合子が2細胞に分裂するための線を決めるのに役立っているらしい。次にこれが、さらなる細胞分裂への連鎖反応を起こし、胚盤胞での内部細胞塊の位置を整え、最終的に上下の区別をつける。

また、初期胚には、体をつくり上げる3つのはっきりした層もできる。外胚葉（おもに皮膚や髪、神経と脳をつくる）、内胚葉（腸、肺、および他の管状のものになる）、中胚葉（筋、血液、骨をつくる）。大まかに言って、外側と内側と中間と考えてもいい。この3層の形成は、発生の開始から約15日めくらいで起こる原腸形成とほぼ同時期に始まる。これは胚が円盤形の細胞の集合になっている時期だ。

原腸形成はおそらく、発育初期の最も基本的な部分であり、その後に続くあらゆることのために舞台を整える。イギリスの生物学者ルイス・ウォルパートはかつてこう言った。「あなたの

◀2つに分裂する受精卵のイメージ。

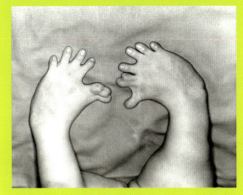

サリドマイド薬害事件

▲サリドマイドは重度の四肢奇形を引き起こす。

1950年代、医師は妊婦のつわりを和らげるため、サリドマイドという新しい薬を処方し始めた。安全と考えられていたが、妊娠した動物や人についての適切な試験を行っていなかった。サリドマイドは四肢の発生に強烈な悪影響を及ぼすことが明らかになり、腕や脚に奇形のある赤ちゃんが生まれた。世界じゅうで5000〜1万人の子どもが影響を受け、2000人以上が存命中だ。サリドマイドは、四肢の形成に関わる遺伝子に作用するのではなく、腕や脚を発達させる血管形成を指示するのに重要な3つの分子の相互作用に干渉する。サリドマイドは発生のきわめて重要な時期に血液供給を絶つことによって、四肢が適切な大きさに育つのを妨げてしまう。

CHAPTER11　赤ちゃんができるまで　141

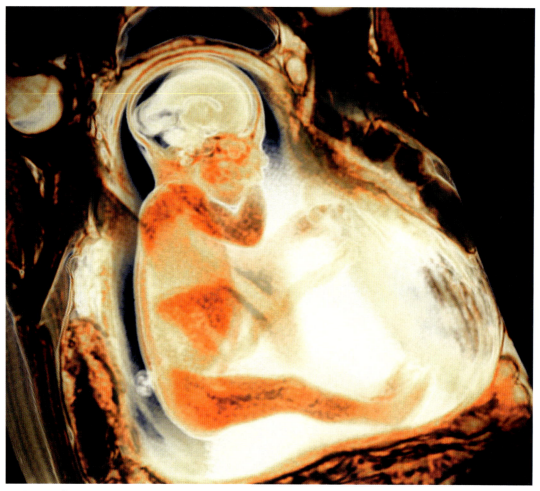
▲妊娠9カ月ごろのヒトの胎児。

　人生において真の意味で最も重要な時は、誕生でも結婚でも死でもなく、原腸形成なのです」この段階の胚を入手することは倫理的にも技術的にも困難なので、ヒトの原腸形成の研究はとてもむずかしい。この過程に関する最もよい推測は、マウスの研究から得た結果だ。

　原始線条（げんしせんじょう）と呼ばれる、胚の最上部に沿って走る（胚の前と後ろを区別してもいる）細いすじを手始めに、細胞は胚のなかを動き回り、3つのはっきりした層に分かれていく。やがて、これらの層は折り重なって、整った管状構造になり、内側が内胚葉、外側が外胚葉、そのあいだに中胚葉が収まる。次に各層の細胞が、その場所と周囲の細胞から受け取るシグナルに基づいて、特有なパターンの遺伝子を活性化させ、細胞を決まった運命に導く一方で、他の選択肢を制限する。たとえば、外胚葉の細胞の一部は、脳細胞になるための旅に出て神経遺伝子のスイッチを入れ、筋肉や腸をつくる遺伝子を永久

目の遺伝子

ヒトの目と、マウスや魚、ショウジョウバエの目との共通点はあまりないように思えるかもしれないが、じつはある。これらの生物すべての目をつくる第1段階は、同じ遺伝子Pax6で始まるのだ。Pax6は一種の主制御装置として働き、適切な場所にあるたくさんの遺伝子のスイッチを入れ、目になる構造づくりを開始させる。ショウジョウバエのPax6は"アイレス（目がない）"と呼ばれる。この遺伝子が欠損しているショウジョウバエには、まったく目ができないからだ。そしてこの遺伝子に欠損がある人は、目の虹彩が発達しない無虹彩症という疾患になる。遺伝子配列は、動物界全体できわめてよく似ている。驚くべきことに、ショウジョウバエにマウスのPax6を入れて活性化させても、正常なハエの目が発達し始める。

▼Pax6遺伝子は、ヒト、マウス、魚、ショウジョウバエで同様の役割を果たす。

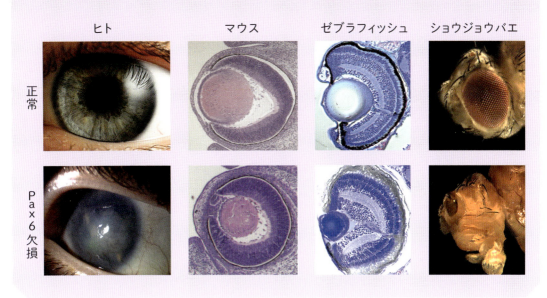

左か右か？

に停止させる。脳の発達過程（神経胚形成と呼ばれる）については、次章でさらに詳しく扱う。

胚が行うもう1つの重要な決定は、左右を区別することだ。これは、あらゆる臓器ができ始めるよりもずっと前、原腸形成の時期に起こる。どのように起こるかは、ここでも、ニワトリやマウスなど動物の発達過程の研究から、最善の推測が立てられる。左右の決定は胚の頂部にあるノードという構造物から始まるらしい。これは繊毛（せんもう）と呼ばれる細かい毛のようなもので覆われている。繊毛は、液体を胚の全体で右から左へ運べるように傾いている。この流れが「ノーダル」と呼ばれるシグナリング分子を左側につくらせる。次に、ノーダルが一連の遺伝子（「レフティー」と呼ばれる遺伝子を含む）のスイッチを入れ、胚の左側に、右側とわずかに異なる発達をするよう命じる。その一方、ノーダルが

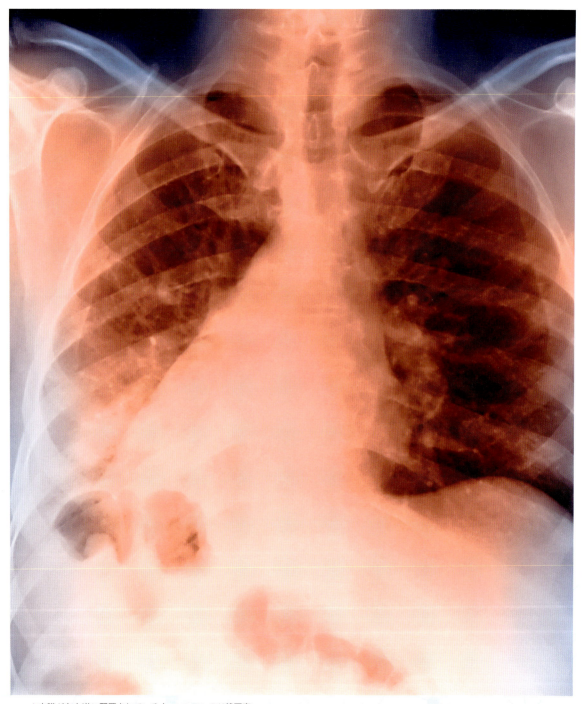

▲内臓が左右逆に配置されている人 (内臓逆位) のX線写真。

ない右側では、別の一連の遺伝子が活性化される。

　繊毛、ノーダル、レフティー、あるいは他の左側に関わる遺伝子に問題が起こるのはきわめてまれだが、起こった場合は、他の人たちとは鏡像のように左右逆の臓器が発達し、内臓逆位と呼ばれる状態になる。ジェームズ・ボンドの映画『007ドクター・ノオ』に登場する有名な悪役ジュリアス・ノオ博士は内臓逆位で、心臓が左ではなく右についているので、胸を刺されても死なずにすんだ。

体節を分ける

　発育している胚が、基本的なパターン（上下、前後、左右および外胚葉・中胚葉・内胚葉の3層）を確立したら、次の段階は、それを上から下まで、それぞれ独自性を持つ体節に分けることだ。ヒトは明らかに、いくつもの節に分けられている。頭、頸、体幹、四肢。脊椎は、反復する多くの節に分かれた骨からなり、整然とつくられた肋骨に側面を守られている。体節に分かれたこのパターンは、昆虫からヒトまであらゆる複雑な動物に共通であり、Hox遺伝子と呼ばれる

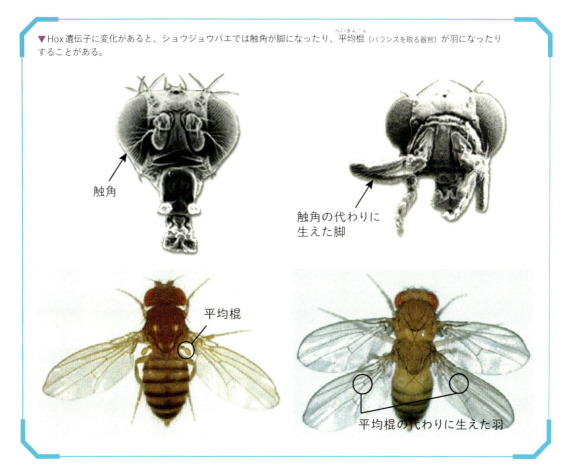

▼Hox遺伝子に変化があると、ショウジョウバエでは触角が脚になったり、平均棍(バランスを取る器官)が羽になったりすることがある。

触角

触角の代わりに生えた脚

平均棍

平均棍の代わりに生えた羽

特別な遺伝子群にコントロールされている。

　Hox遺伝子は、20世紀初頭にショウジョウバエで初めて発見された。アメリカの遺伝学者トーマス・ハント・モーガンは、ある変異によって体の部位が誤った場所で生育することに気づいた。一部のショウジョウバエには、触角が生える場所に脚が生え、別のショウジョウバエには余分な中間節（胸部）ができ、余分な2枚の羽が生えた（▶145ページ参照）。のちに科学者たちはHox遺伝子を、クラゲからヒトまであらゆる種類の生物に見つけた。これは、DNA配列が動物界全体でとてもよく似ているので、比較的容易に追跡を行うことができたからだ。ただし、Hox遺伝子の数は種によって異なる。ショウジョウバエには8個しかないが、ヒトには39個あり、4つの染色体上に分かれてクラスター（集合体）を形成している。

　興味深いことに、各クラスターのHox遺伝子の配列順位は、頭からつま先までの体内での活性パターンを反映している（▶右図参照）。活性化のタイミングとも一致していて、最初に頭部の遺伝子でスイッチが入り、最後に四肢の遺伝子が活性化する。体の異なる部位に、特定の運命を引き受けるよう（たとえば、頭骨や脊椎、手や足の指になるよう）に指示するファッションコーディネートの遺伝子版と考えてもいい。Hox遺伝子はとても重要なので、特別きびしい制御が必要だ。モーガンがショウジョウバエで気づいたように、いつ、どこでスイッチが入るかというパターンになんらかの変化があれば、ボディープラン（体のつくりの基本）に多大な影響が及ぶ可能性がある。Hox遺伝子の機能不全は、特に四肢や脊椎の異常な骨構造に関わっている。

　本書で、ヒトの発生とそれを指示する遺伝子

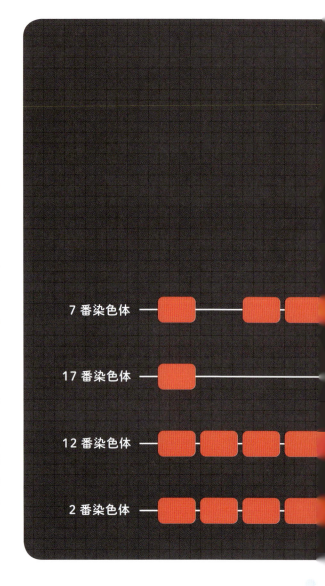

についてすべてを詳しく説明するには紙数が足りない。ボディープランの基礎についてはひととおり述べたので、何にもまして重要な器官である、脳の形成についてさらに詳しく見てみよう。

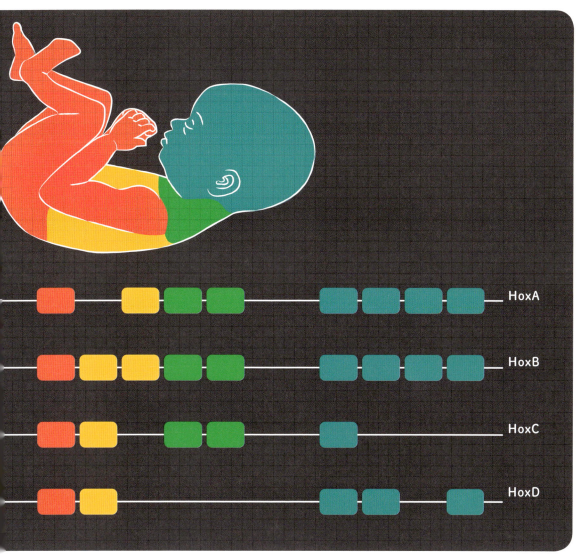

▲人体のパターンは、4つのクラスターからなるヒトHox遺伝子のマップによって表すことができる。

CHAPTER11　赤ちゃんができるまで

CHAPTER 12
脳の配線

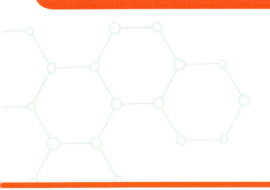

ヒトの脳はおそらく、宇宙でいちばん複雑な物体だろう。脳は経験や環境によって絶えず発達しているが、この高性能な生物コンピューターの構築には、遺伝子が大きな役割を果たしている。

前章で見たとおり、古今東西すべての人間が、胚性幹細胞の小さなクラスターから成長したと考えると信じられない気持ちになるだろう。さらに、どんな知識や複雑さを持っている脳も、初期胚の小さな細胞の集まりから始まったということに驚くかもしれない。大人の脳には約1000億の神経細胞（ニューロン）があり、それぞれが絶縁細胞と支持細胞に包まれている。1個のニューロンは他の細胞と1000以上の接合（シナプス）をつくることができ、それは合計60兆個近くもあって、すべてがメッセージや情報を活発にやり取りしている。相互に接続した神経細胞がもつれることもなく、脳は高度に組織化され、明確に分かれた領域からなっている。

　大脳前部にある前脳の皮質は、神経細胞が何層にもなってできている。これらは、できるだけ多くの細胞を頭骨の限られた空間に詰め込むために折りたたまれていて、脳の図でよく見る隆起した特徴的な外観を形づくっている。意識的な思考や行動をつかさどる主要部位だ。中央

▼ヒトの脳には何十億もの神経細胞がひしめいている。

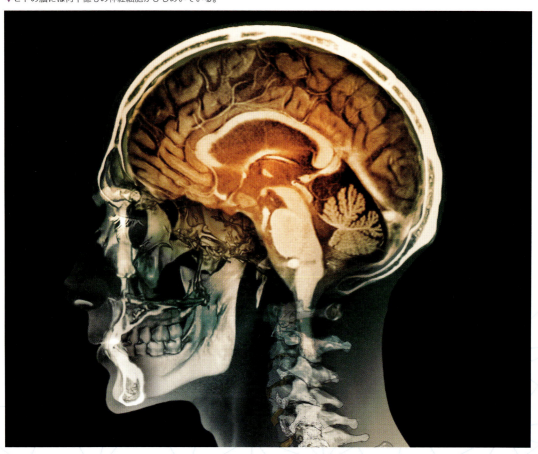

にある中脳は、周囲の世界から入ってくる情報に対する体の反応を調整している。後部は後脳で、小脳（運動に不可欠な部位）と、呼吸や心拍、その他の生存に関わる基本的機能を制御する構造が含まれる。

脳の構築

脳は、原腸の創生（▶CHAPTER 11参照）と同じころに形成が始まる。胚が、外胚葉（外側）、中胚葉（中間）、内胚葉（内側）という3種の異なる細胞の層に折りたたまれる時期だ。この過程は、原始線条と呼ばれる細胞のすじから始まる。またこれは、最終的に脊髄と脳を形成する構造が最初に発達し始める場所の印にもなる。脳構築過程の第1段階（神経管形成と呼ばれる）では、原始線条に続いて、胚の最上部に沿った外胚葉細胞のシートに溝が形づくられる。溝

はどんどん深くなり、最終的には丸く閉じられて、いずれ胎児の背中になる部位の内側を上下に走る中空の神経管になる（▶下図参照）。

胚が発育するにつれて、神経管の上端がふくらんで、液体で満たされた3つの隆起ができ、これが最終的に、前脳、中脳、後脳になる。神経管の残りの部分は脊髄をつくる。脊髄は体の全神経が脳につながる主要な経路だ。このすべてが、ともに働くさまざまな遺伝子とタンパク質に指示され、適切な時に適切な場所へ確実に移動するよう、細胞間にシグナルが送られている。こういう基本的な過程に間違いが起こると、きわめて深刻な結果につながることがある。

神経管の上端の構造が正しく形づくられないと、胎児の脳は適切に発育できない。無脳

▼神経管形成は脳構築の第1段階であり、初期胚の外胚葉細胞が内側にたたまれ始める。

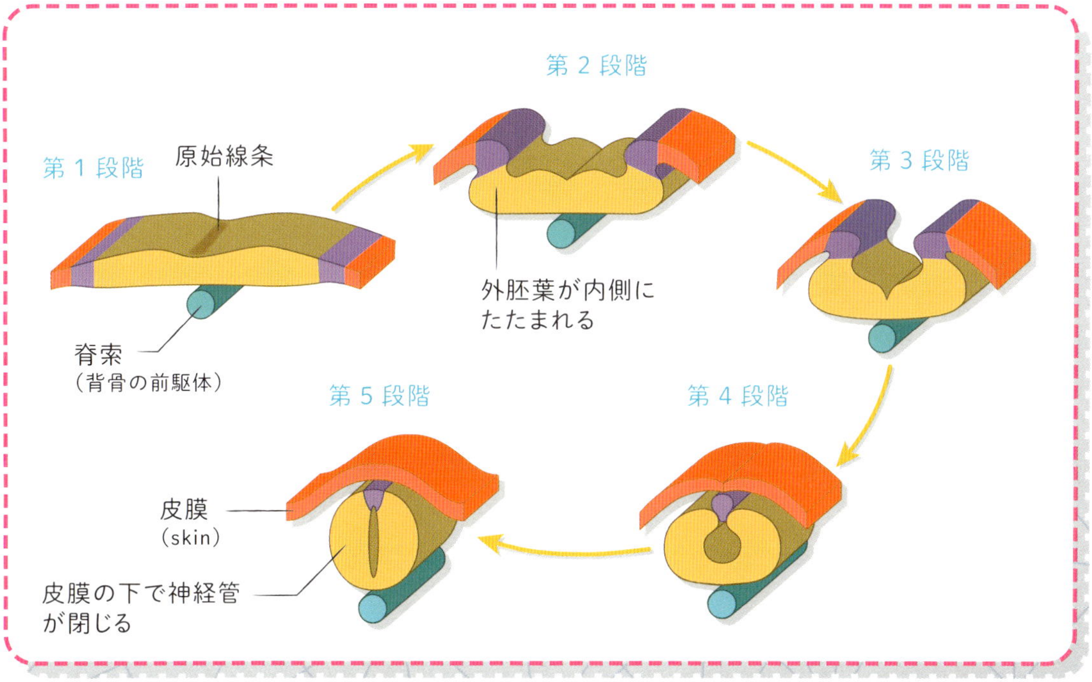

第2段階

第1段階　原始線条

脊索（背骨の前駆体）

外胚葉が内側にたたまれる

第3段階

第5段階

皮膜（skin）

皮膜の下で神経管が閉じる

第4段階

Chapter12　脳の配線　151

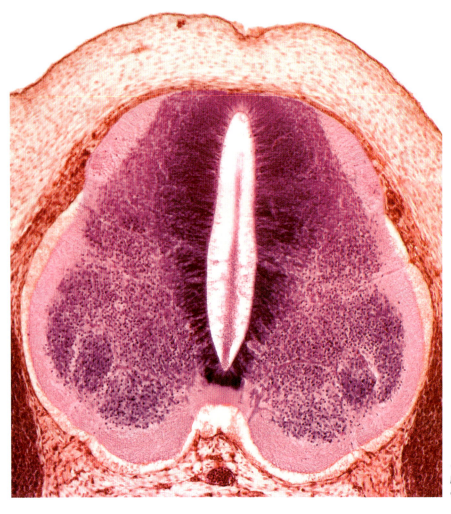

◀妊娠6週めのヒトの胎児における脊髄発達の断面図。

症と呼ばれる重度の障害もある。もう1つの起こりうる問題は二分脊椎症で、神経管の下端が適切に閉鎖しないときに生じる。二分脊椎症の人の多くは、適切な治療と支援があれば生きて大人に成長できる。神経管の問題は、ビタミンの一種である葉酸の不足によるので、現在では妊娠中や妊娠予定の女性は葉酸サプリメントをとるよう助言されている。

次の段階は、3つの隆起をニューロンで満たし、脳内の正しい場所に配置することだ。神経管のなかには、神経前駆細胞と呼ばれる特別な幹細胞がある。脳と体のあらゆる種類の神経細胞はここから生まれる。これらの幹細胞は何度も分裂して、何百万、さらには何十億ものニューロンをつくり、どんなタイプの神経細胞になるかによって特有なパターンの遺伝子が活性化される。一部は最終的に脳の多様な組織になり、別の一部は体内へ伸びる長い突起（軸索と呼ばれる）を発達させ、感覚器官からのシグナルを受け取ったり、筋肉を動かす指令を送ったりする準備を整える。

大きいことはよいことか？

　ヒトの脳は、他の霊長類に比べると、体の大きさから予測されるより大きい。たとえば、ヒトの脳には、およそ860億個の神経細胞がある。マカク属などのサルの脳が持つ数のおよそ12倍だが、ヒトの体は8倍ほどしか大きくない。これは長年、他の動物に比べてヒトの知能が優れていることを説明するのに使われてきた。ところが、マウスや鳥は、脳と体の大きさの比率がヒトと同じくらいだが、それほど利発ではない。これは、ヒトの脳が他の動物の脳とは違う形で構築されるからだ。大脳皮質（思考や言語に利用される前方の部位）がずっと大きいうえに、他にも比類の適応力がある。

　ネアンデルタール人は、現生人類より大きな脳を持っていた。1600立方センチメートルもあったそれに比べ、現代の男性は平均1440立方センチメートル、女性は1330立方センチメートルほどだ。しかし証拠に基づけば、ネアンデルタール人が絶滅した理由の1つは、現生人類に知恵で負けたからだった。つまり、大きな脳が生存能力を高める結果にはならなかった。大きな脳を持つからといって、男性が女性より利口なわけではない。研究によると、一般集団全体の男女間で、脳の大きさと知能に相関関係はほとんどない。

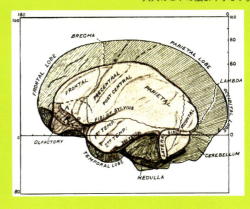

▼ゴリラの脳（前部）は、大人のヒトの脳より小さい。

　ヒト胚では、この神経前駆細胞が複数回分裂し、たくさんの神経細胞をつくれるが、マウスでは一度しか分裂しない。つまり、マウスが持つ脳細胞の数は、ヒトよりはるかに少ない。特に差が大きいのは新皮質と呼ばれる領域で、脳の表面の下にあり、意識的な思考、論理、言語に重要な役割を果たしている。結果として、ヒトはマウスより脳のひだがはるかに多いので、知能もずっと高い。2015年、ドイツの研究者たちは、"ARHGAP11B"という小さな遺伝子が、ヒトの神経前駆細胞のなかでとても活発なのに、マウスのなかにはまったく存在しないことを発見した。遺伝子操作でマウスの脳にこのヒト遺伝子を加えたところ、マウスは新皮質にずっと多くのニューロンを発達させ、その部位にはヒトの脳と同じようにひだが増えてきた。しかし、この実験では、マウスの頭がよくなったかどうかは確認されなかった。

　脳の基本構造は妊娠8週めまでにすべて配置され、その後はただ、より多くのニューロンをつくって、そのすべてを接続するだけになる。実際、脳の新たな神経細胞の生産は誕生後、さらには成人期になってからも行われる。大人は新しくニューロンをつくらないという通説に反して、大人の脳の一定の場所——特に、学習や記憶の立役者である海馬では、まだいくらかつくられている。けれども、膨大な数のニューロンと、大きく立派な脳（▶上のコラム参照）を持つだけでは、人間が特別な存在にな

言語の遺伝子

　1980年代、KEというイニシャルの一家が、研究者たちの注目を集めた。3世代にわたる多くの家族に会話・言語障害があり、ただ1つの機能不全遺伝子をはっきり示す形で症状を受け継いでいた。最終的に、オックスフォード大学の科学者たちが原因となる遺伝子を突き止めた。それは"フォークヘッドボックスタンパク質P2"または通称"FOXP2"という。FOXP2の遺伝子は、発育する胎児、のちには小児期、そして成人期に脳、心臓、胃、肺の遺伝子をスイッチオンにする転写因子をコードする。この遺伝子は、脳内で言語に関わる領域の配線に関与しているらしく、おそらくは複雑な思考や会話に必要な協調運動の習得の助けになっているのだ。

　興味深いことに、この遺伝子は他の多くの動物にも見つかり、マウス、コウモリ、鳥などの声音にとって重要と考えられている。チンパンジーのFOXPタンパク質はヒトのものと2個のアミノ酸が異なるだけだが、この小さな違いだけでも、ヒトが話せてチンパンジーが話せない理由の一部が説明できるかもしれない。研究者が実験室で培養中のヒト脳の細胞に、その遺伝子のヒトとチンパンジーどちらかのアレルを挿入したところ、遺伝子の異なるパターンのスイッチが入ったことがわかった。おそらくFOXP2は、ある種の主制御装置として働き、あるパターンの遺伝子を活性化させ、最終的にヒトの脳を会話のために配線する一方で、チンパンジーの脳には異なる形の接続をつくるのだろう。

るのにじゅうぶんではない。本当に重要なのは、これらの神経細胞すべてが互いにどう接続されているかを理解することだ。

配線をつなぐ

2つの神経細胞間の接続はシナプスと呼ばれ、単一のニューロンは周囲の細胞と何百、あるいは何千もの接続をつくることができる。1つのニューロンが多数のシナプスをつくるほど、処理できる情報も多くなる。ヒトの神経細胞は、他の動物に比べ、並外れて多数の接続をつくれるようだ。それが、ヒトに並外れた知力がある根拠と考えられ、その真相は確実に遺伝子に存在する。

2012年、2つの科学者グループが、"SRGAP2"について対になる刺激的な研究を発表した。この遺伝子は、神経細胞内でシグナルを送り、細胞に新たなシナプスを育成するタンパク質をつくっている。1つめのチームは、チンパンジーおよび他のヒト以外の霊長類を含むすべての動物が、その遺伝子を1コピーしか持たないのに比べ、ヒトは4コピー（AからDに標識）持つことを発見した。この4コピーは、進化の歴史をさかのぼった遠い昔、もとの遺伝子がどういうわけかゲノム内で重複して生じた。最初に起こったのは約340万年前で、"A(SRGAP2A)"と"B"、その後約240万年前に"C"、さらに約100万年前に"D"がつくられた。

もう一方の科学者チームは、4コピーの異なる遺伝子の機能を詳しく調べた。それによると、SRGAP2AとSRGAP2Cは神経細胞のなかでとても活発だが、他の2コピーはずっと穏やかで、あまり重要ではないらしい。また、SRGAP2Aはシナプスの形成を加速する一助と

┃左脳 vs 右脳┃

ソーシャルメディアのクイズによると、"左脳の人"は几帳面できちんとしていて、"右脳の人"は直感的で創造力があるという。こういう遊びを友だちと一緒にやるのは楽しいかもしれないが、左脳vs右脳という考えかたに科学的な裏づけはない。脳は2つ（半球）に分かれていて、画像研究によれば、それぞれの作業は両半球を通じて3つの異なるパターンに分けられる。全般的注意のような、いくつかの作業は両半球で均等に分割される一方、運動は体と反対側の半球によって制御される（つまり、体の左側を動かすときは右半球に制御される。反対側もまた同様）。他のいくつかの作業は、確かにどちらかの半球に集中しているように見える。たとえば、空間処理（形や空間を把握する能力）は音楽に対する感応と同様、おもに右半球に関連している。

数学と言語の能力はおもに左半球に集中し、左脳／右脳論を補強している。けれどもこれでは、脳の両半球の相互接続の方法を単純化しすぎだ。両半球は、脳梁と呼ばれる神経の太い束を通じて情報をやり取りし、ともに働いている。さらに、1000人以上の脳スキャン研究によると、いくつかの作業は左側または右側で行われる傾向があるが、特定の半球への全体的な偏りは見られなかった。つまり、"左脳の人""右脳の人"という考えかたが神話にすぎないことを、人は脳の両側を使って認識できるのだ。

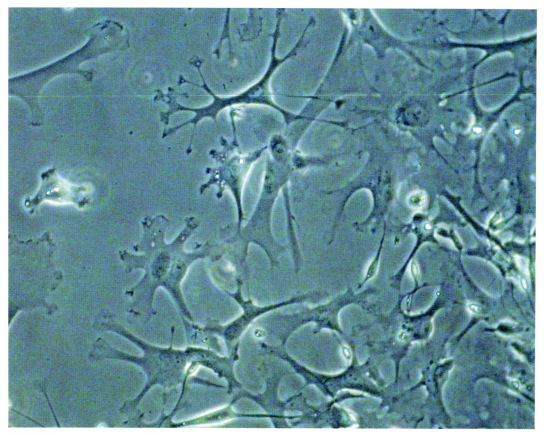

▲星状細胞（アストロサイト）は、脳の神経細胞間に重要な絶縁体として働く。

なっているが、1個のニューロンがつくれる接続の数を限定してもいることがわかった。ただし、SRGAP2Cがこれに対抗して、細胞にもっと多くのシナプスを発達させ、その形成と成熟をゆるやかにする。2つの遺伝子はともに働いて、ヒトのニューロンが周囲のニューロンと強いシナプスをたくさんつくれるバランス状態を見つけ、人間に高い知能を与える接続の密なネットワークを生み出す。

神経科学者たちは現在、最新の脳スキャンと画像技術を使って、何十億個もの脳細胞間のあらゆる接続の詳細なマップを作成し、コネクトームと呼ばれる繊細で美しい配線図（▶158ページ参照）をつくろうとしている。

生まれか育ちか?

ありとあらゆる個人の特性、たとえば知能、攻撃性、人生に対する楽観的な見通しなどや、依存症から統合失調症、鬱病、自閉症までの疾患について、「それは遺伝子のせいだよ」という表現が使われるのをしばしば耳にする。遺伝子研究と詳細な神経科学の実験でこれまでに集まったすべての証拠から明らかになったのは、遺伝子の多様性が少なくともなんらかの影響

を、脳や行動、精神障害に与えているということだ。

たとえば心理的な特性や状態の多くは、異なる遺伝子を持ち同じ養育がされた二卵性双生児よりも、同一の遺伝子を持つ一卵性双生児のほうがずっとよく似ていたり、共通していたりする。科学者たちは、脳スキャンの情報を遺伝子研究に重ねることによって、遺伝子の多様性がどのように人それぞれの脳で一定領域や構造のサイズや形に影響するかを解明し始めている。この研究で、人それぞれの形質の違いが、いくらか説明できるようになるかもしれない。特に発達初期には、遺伝子は脳の形成を指示するうえで重要な役割を果たしている。しかし、すべてを担っているわけではない。

脳は驚くほど適応性のある器官だ。神経科学者は可塑性に関連づけて脳の話をする。つまり、脳は人生から得た経験と情報に対応して、何十億ものシナプスをつくったり、つくり直したりできる。これは特に、何百万個ものニューロンが生産され、何十億個もの配線がつながれる幼児期に重要になる。ということは、遺伝子（生まれ）は頭骨内の基本になる機構と生物学的コンピューターの設定に影響を及ぼせるが、環境と教育（育ち）も膨大な量の影響を加える。一卵性と二卵性の双生児を比較した研究によれば、IQで測られる知能は約70パーセントが"遺伝子のせい"だという。残りは、幼少期にしてもらった読み聞かせから学校教育の質まで、環境における無数の要因によって決まる。

それぞれの人が持つ遺伝子は成績をよくしそうなIQ値を幅広い範囲で決める一助になってはいるが、こういう環境要因にも大きな影響力がある。だから、とても賢い遺伝子の多様性を受け継いだとしても、環境がよくなければ潜在能力をじゅうぶんに発揮できる可能性は低くなる。さらにいくつかの遺伝子の変化や多様性は、認知機能や学習に大きな影響を与える。優れた学習環境と幼少期からの特別な援助が、最終結果を大きく変えることもある。また、ほとんどの人がだいたい中程度に収まることにも注意し

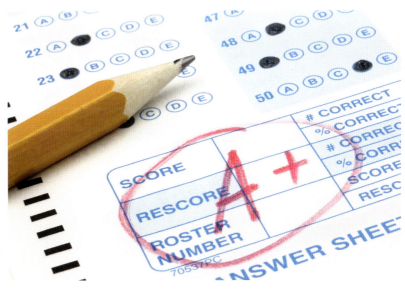

▶学力は部分的には遺伝子にコードされているが、環境にも左右される。

Chapter12　脳の配線　157

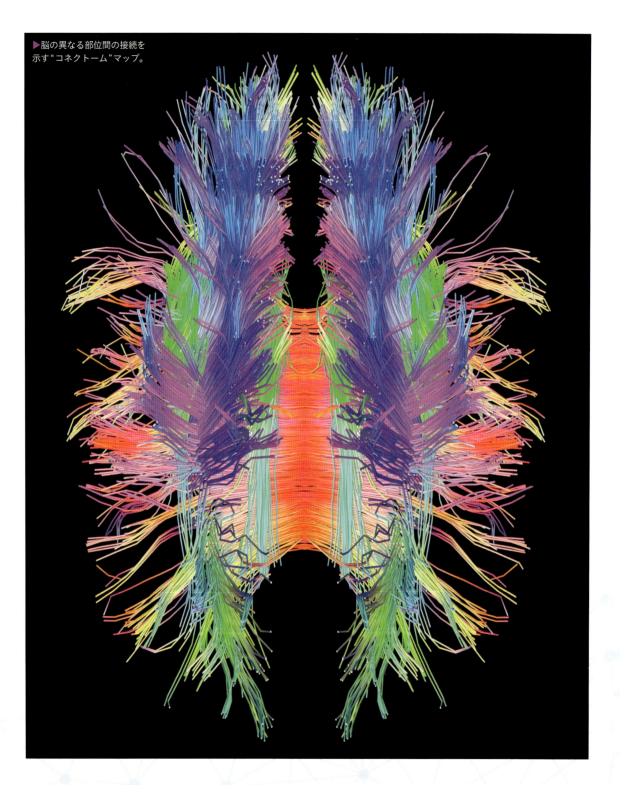

▶脳の異なる部位間の接続を示す"コネクトーム"マップ。

てほしい。「人並み」という言葉があるのもうなずける。

　もう1つの例として、"SKA2"という遺伝子にある種の遺伝的多様性があることが見つかっている。そこに特定のエピジェネティック・マーク（▶CHAPTER 9参照）がある人は、幼児期に虐待されると心的外傷後ストレス障害（PTSD）に苦しんだり、自殺したりする可能性がかなり高いことがわかった。ただし、この結果は決して確実なものではない。一部の人がつらい状況に痛ましい反応をする可能性が高いというだけで、幼少期に虐待されていない人は、その遺伝的多様性があっても、そういう感情をまったく覚えないかもしれない。同じく、遺伝的多様性を持たなくても、幼児期に虐待を受けた人は、PTSDを患う、あるいは自殺をするかもしれない。人は「生まれ」と「育ち」両方の組み合わせでできているので、どちらかが混乱すれば、根幹となる変化が脳や体、行動に生じることがある。

　脳がどのように構築され接続されているのか、そして経験や環境が脳をどのように働かせ、その人らしさをつくり上げているのかについては、まだ解明すべきことがたくさんある。脳内のあらゆる細胞、接続、遺伝子活性のパターンをマップにする大規模なプロジェクトが進行中だ。膨大な数の接続と細胞が関わっていることを考えるとたいへんな作業だが、多くの研究者は、このやりかたが脳の働きを理解する最良の方法だと考えている。

　ここまで、体と脳を構築するうえでの遺伝子の役割を見てきた。次章では、遺伝子がとても重要になる別のシステムを見てみよう。じつは遺伝子は、生と死に大きく関わる可能性がある。

▲PTSDや鬱病などの精神障害は、「生まれ」と「育ち」が組み合わさって起こる。

CHAPTER 13
適合性を生み出す遺伝子

わたしたちの遺伝子は、体と脳を形づくるだけではない。周囲の人々との適合性も支配している。

1628年、イギリスの医師ウィリアム・ハーヴィは、血液がどのように体内を循環しているかを解明した。ほどなく、おもに犬を使った輸血の実験が行われ始め、命を維持する赤い液体が、1頭から別の1頭に移された。それはまずまずの成功を収めたが、子羊の血液を人に移す実験は、深刻な拒絶反応を招いたことから、1600年代後半に禁止された。

その後200年ほどのあいだに、医師たちは感染症の危険を減らす衛生的な技術を開発した（血液の適切な代用品にと牛乳を使った実験まで行われたが、うまくいかないことがわかった）。輸血が命を救うこともあったが、患者が提供者の血液に拒絶反応を起こすこともよくあり、多くの人が死亡した。その原因を理解するうえでの突破口は、1900年に開かれた。オーストリアの医師カール・ラントシュタイナーは、何組かの人同士では血液を混ぜると細胞が凝集する（反応の徴候を示す）一方で、別の何組かではそういう作用が起こらないことに気づいた。ラントシュタイナーは、血液には3つの異なる型があることを発見し、それらをA、B、C（最初はOではなかった）と呼んだ。さらにもう1つの型、ABが数年後に発見された。ラントシュタイナーは、この発見によって1930年のノーベル生理学・医学賞を受賞した。これは輸血への知識に大きな変化を起こし、数えきれない命を救うことにつながった。

何世紀ものあいだ、医師たちはあらゆる体の部位の移植にも挑戦したが、ほとんどは成功しなかった。体のある部位から別の部分に移植された皮膚は成長するが、別の人から採った皮膚は拒絶されて壊死してしまうことはよく知られていた。臓器移植はさらに難題で、一卵性の双子のあいだでしか成功しなかった。明らかに、誰かの血液や臓器が患者のものと適合するかどうかを決めるなんらかの要素が体内にある。それはご推察のとおり、遺伝子にコードされている。

血液のなかに

血液構成成分のなかには、血漿（なかに血球が浮遊している液体）や血液を凝固させる血小板など、医学的に役立つものがいくつかあるが、輸血には酸素を運搬する赤血球が使われる。赤血球は、抗原と呼ばれる糖分子で覆われている。抗原は赤血表面から突き出ていて、AとBの2つの形状がある。血液型Aの人は赤血球にA抗原だけを持ち、血液型Bの人はB抗原だけを持つ。両方を持つ人はAB型で、AもBも持たない人がO型だ。

A抗原とB抗原は、"ABO"という遺伝子にコードされた、糖転移酵素と呼ばれる2種類のわずかに異なる酵素でつくられている。ABOの1つのアレルがA抗原を産生する糖転移酵素をつくり、もう1つのアレルがB抗原を生じる糖転移酵素をつくり、3つめのアレル（O）は作用がまったくない糖転移酵素をつくるので、抗原は産生されない。どの人もABOから2コピー（母親と父親から1コピーずつ）受け継ぐので、3つのアレルの異なる組み合わせがいくつかできる。血液型Aの人はAAまたはAOのアレルの組み合わせを持ち、Bの人はBBまたはBOを持つ。ABの人はそれぞれのアレルを1つずつ持つはずで、Oの人はOのアレルを2つ持っていることになる。

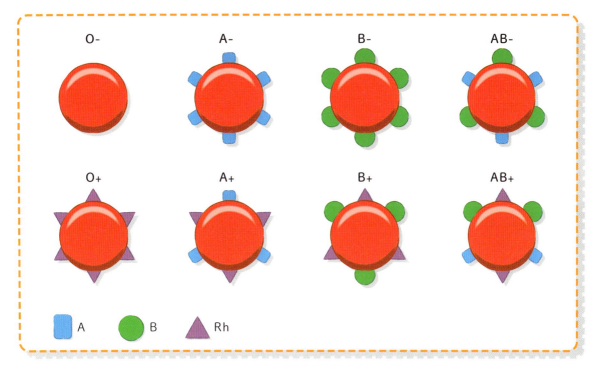

▲ 血液型は2組の異なるタンパク質によって決まる。AとBの抗原と、Rh因子だ。

　赤血球にはDNAが存在しないが、成熟するにつれて形成される糖転移酵素を含め、さまざまなタンパク質が詰め込まれている。

　ABO抗原系と同じく、もう1つの分子も考慮に入れなくてはならない。それはRh因子で、赤血球の表面にあるタンパク質だ。Rh抗原は約50種類ほどあり、最も重要なのはD抗原で、"RHD"という1つの遺伝子にコードされる。タンパク質をつくるかつくらないかは、2つのアレルのうちどちらを受け継いだかによる。ABO系と同じく、機能するRhアレルを1つか2つ持っていればRh陽性（＋）になるが、機能しないアレルを2つ受け継ぐとRh陰性（−）になる。

　輸血のために血液を適合させるには、血液型とRh型の両方を考慮しなければならない。免疫系は自分と少しでも違う性質をすぐさま認識するので、A抗原で覆われた赤血球をBまたはOの人に輸血すると、免疫反応を誘発する。Rh抗原を持つ血液をRh陰性の人に輸血した場合も同じだ。この反応は、赤血球の凝集を引き起こす。深刻な場合では命にかかわることがあり、適合しない血液を使った初期の輸血の試みがひどい失敗に終わった理由がわかる。B型の血液をA、O型の人に輸血した場合や、AB型の血液をA、B、O型の人に輸血した場合にも、同じような反応が起こる。

　適合の法則には、いくつか例外がある。AB型でRh陽性の人は万能受血者だ。赤血球にすべての抗原を持っているので、A、B、Oの血液に反応せず、Rh陽性でも陰性でも問題には

Chapter13　適合性を生み出す遺伝子

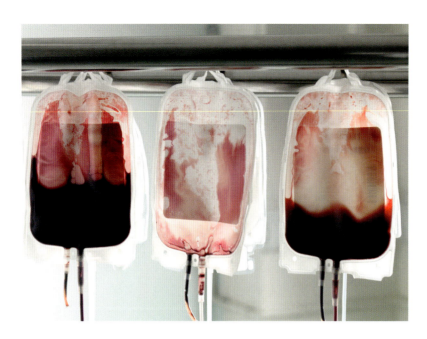

ならない。また、O型でRh陰性の人は、万能供血者として輸血サービスに重宝される。彼らの赤血球は反応を誘発する抗原をまったく持たないので、緊急事態で血液が必要になったとき、誰にでも供給できる。

Rh系は血液の適合に重要な役割を果たすだけでなく、妊娠時にもきわめて重要になる。母親がRh陰性で、父親がRh陽性の場合、子どももRh陽性になる可能性がある。通常、胎児への血液供給は母親の血液から切り離されているが、なんらかの原因で傷ができると血液が混合することがある。これが起こると、特に出産が近づくころ、母親の免疫系が胎児からの"異質な"Rh陽性の赤血球を認識して攻撃し始める。これが貧血や黄疸、さらには流産を引き起こすこともある。また、次に妊娠したとき、子どもがまたRh陽性だと、母親の免疫系が害を与える危険性はずっと高くなる。現在、Rh陰性の女性は、抗Dヒト免疫グロブリンの定期的な投与を勧められている。これによって免疫細胞がRh抗原を認識して反応するのを防ぐ。1960年代に開発されて以来、この治療法は何百万人もの新生児の命を救ってきた。

ABOとRh系を使って適合を調べるだけで、ほとんどの状況では安全な供血がじゅうぶんできるが、血液型というのはもう少し複雑だ。赤血球の表面には20種類以上の抗原があり、すべてはさまざまな遺伝子とアレルにコードされている。とはいえ、赤血球は比較的単純で、表面にある分子のレパートリーは限られている。臓器や幹細胞の移植では、適合がもっと複雑になる。

適合させる

免疫細胞は毎日、体内をパトロールして、すべてが順調に動いているかをチェックしている。

細胞たちが健康で正常に機能しているかを確

かめ、侵入してくる異物（細菌やウイルスなど）を見つけて破壊し、損傷や欠陥のある細胞を取り除く。この作業を補助するため、細胞は、主要組織適合抗原（MHC）と呼ばれるカップ状のタンパク質に覆われている。このMHCタンパク質は、細胞内の分子の一部を取り出し、外に提示して免疫細胞に点検させる。抗原提示と呼ばれる過程だ。この分子の一部に少しでも異常がありそうなら、その細胞は体内の健康管理システムとしてつくられた過程で破壊される。

MHCタンパク質は、まとめて「ヒト白血球抗原」（HLA）遺伝子複合体として知られる多数の異なる適合遺伝子によってコードされている。これらはヒトゲノムのなかで最も多様な遺伝子で、それぞれに何千もの異なるアレルがある。これらの遺伝子が、臓器や骨髄、または血液幹細胞の移植を必要とする患者に、適切な提供者になれる人かどうかを決定する。

毎年、血液のがん（白血病）や他の血液疾患にかかった患者のうち何千もの人が、幹細胞移植を必要としている。以前は大腿骨などの大きな骨から採った幹細胞の豊富な骨髄を使って行われていたが、現在では移植の90パーセントはドナーの血流から採取した幹細胞で行われる。この方法は痛みや侵襲性がずっと少ない。患者の約3分の1は、兄弟姉妹などの家族の誰かに適合性のあるドナーが見つかる。HLA適合遺伝子の同じアレルを受け継いでいる可能性が高いからだ。けれども、アレルは卵子と精子がつくられるときに組み換えられて入れ替わるので、必ずしも一致するとはかぎらず、その場合は血縁者でないドナーを探す必要がある。

1970年代以降、幹細胞提供者候補を見つけ、彼らの適合遺伝子の一覧リストをつくるために多大な努力が傾けられてきた（▶167ページのコラム参照）。今日では、移植担当医は、アレルが患者に100パーセント適合するドナーを見つけることをめざしている。つまり、特定のHLA遺伝子座に2コピーずつあるアレルのすべてが同じということだ。興味深いことに、完全には一致していないドナーからの移植でもうまくいく可能性があるが、たとえ100パーセント適合していても失敗することがある。他の適合遺伝子も作用しているからだ。

もし、適合遺伝子の捜索をゲノム内の10カ所に限るとしたら、それはこれから恋人になろうとしているカップルが簡単な10問の性格診断アンケートに答えるようなものだ。10個とも答えが一致したふたりはうまくいくかもしれないが、アンケートの設問にはなかった互いの気に入らない面が他に出てくる可能性だってある。逆に、6個か7個しか答えが一致しないふたりでも、設問の他に共通の趣味があり、仲よくなれるかもしれない。科学者たちは現在、主要な適合遺伝子を徹底的に調べるため、さらに詳しい遺伝子解析を行うとともに、他のHLA遺伝子を含めることでドナーと患者の適合性がさらに増すかどうかを調べている。

腎臓や肝臓移植などの臓器提供については、HLA適合レベルの厳密さは少し下がる。医師たちは通常、3対のHLA遺伝子と、患者とドナーのABO血液型の適合のみを見る。血液幹細胞移植では、血液型の適合は問題にならない。移植によって患者の血液系全体が事実上入れ替わるからだ。実際、移植の結果、血液型が変わることもある。さらに患者には、免疫系を抑制することで移植拒絶反応を防ぐ薬剤も与えられる。

今日、数えきれないほどの臓器や幹細胞移植を受けた患者が、適合性検査や免疫抑制療法の進歩のおかげで延命できている。それでも、いまだにドナーは極端に不足していて、まれな、あるいは複雑な民族的背景を持つ人たちに適合する人を見つけるのは難題でもある。この問題は、遺伝子工学の進歩によって将来的に解決できるかもしれない。特に臓器提供については（▶CHAPTER 17参照）。ただし、今のところは、できるだけ多くの人に、臓器および幹細胞のドナーに登録してもらうことが重要となる。

　適合遺伝子は、人々のあいだの目に見えない多様性を生み出す。しかし、次章で見ていくように、XとYの性染色体は、もっとはっきり目に見えるいくつかの違いをもたらしている。

▼臓器移植は生命を救うが、きちんと適合するものを見つけることが必要となる。

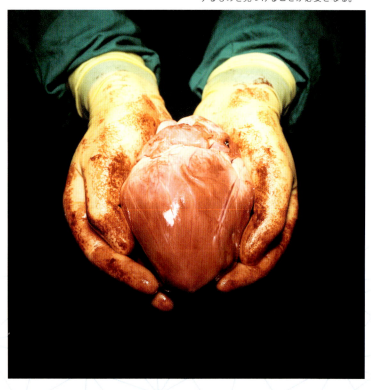

シャーリーとアンソニー

　1971年、アンソニー・ノーランは、ウィスコット・アルドリッチ症候群というまれな遺伝性血液疾患を持って生まれた。骨髄移植が治療法として唯一の頼みの綱だったが、アンソニーの家族には適合する人がいなかった。子どもの命を救おうと必死になった母親のシャーリーは、骨髄提供者候補のデータベースを立ち上げた。世界初の試みだった。悲しいことに、それで息子を助けることはできず、アンソニーは8歳で亡くなった。しかし、「アンソニー・ノーラン」骨髄バンクには現在、50万人以上の提供候補者が登録していて、その全員が、白血病（血液のがん）や他の血液疾患にかかって絶望している患者に適合することを願い、適合遺伝子の分析を受けている。シャーリーの先例に鼓吹されて、今では48カ国で1900万人以上の提供候補者が登録のリストに載り、100万例以上の骨髄あるいは血液幹細胞移植が世界じゅうで行われている。

▶シャーリー・ノーランと息子のアンソニー。

免疫のつながりを追いかけて

▲実験室で働くピーター・メダワー。

　イギリスの生物学者ピーター・メダワーは、多くの人に移植術の父とされている。免疫細胞が移植拒絶反応の原因であることを発見し、1960年のノーベル生理学・医学賞を共同受賞した。1940年、メダワーは自宅近くで爆撃機の墜落と、ひどい火傷を負ったパイロットを目撃した。そして、たいていの場合になぜ体が重度の火傷に対する皮膚移植を拒絶するのかという疑問をいだいた。当時は外科医の技術不足のせいにされていたが、メダワーは別の原因があるに違いないと考えた。火傷の患者、さらには実験室のウサギに対する皮膚移植を観察したのち、メダワーは、被移植者の免疫細胞が提供者の組織を侵害して破壊するせいで拒絶が起こることを突き止めた。この発見がきっかけとなって、免疫系がどのように自身の細胞と他者の細胞を認識しているかを解明する大きな研究努力が始まり、命を救う免疫抑制剤の使用や、移植適合のよりよい方法などにつながった。

愛のにおい

いわゆる「汗臭いTシャツ実験」は、科学界の語りぐさになった。1990年代、スイスの生物学者クラウス・ヴェーデキントは、44人の男性に2日間新しいTシャツを着て、香りつきの化粧品や制汗剤をいっさい使わないように頼んだ。その後、ヴェーデキントはそれぞれのTシャツを別々の箱に入れ、同数の女性にそのうち7枚のにおいをかいで、それぞれを好ましいか、またはセクシーと思うかを評価してもらった。重要なのは、ヴェーデキントが各被験者のMHC適合遺伝子の構成を把握していたことだ。メディアで公表された結果は、驚くべきものだった。女性は、MHC遺伝子が自分とは異なる男性のにおいを好んでいた。

以後この発見は、他の研究によって裏づけられ、さらに詳細な遺伝子解析によると、人は確かに異なるMHC遺伝子を持つパートナーを選ぶという。ただし、これはヨーロッパ系の先祖を持つ人だけに当てはまるようだ。なぜそうなるのか完全には解明されていないが、自分と異なる遺伝子を持つ相手を求めるのは、健常な子どもを持つ可能性を高める方法なのかもしれない。なにしろ、似すぎた適合遺伝子を持っていると、不妊問題が起こる可能性が高まったり、流産につながったりするという証拠もあるのだから。

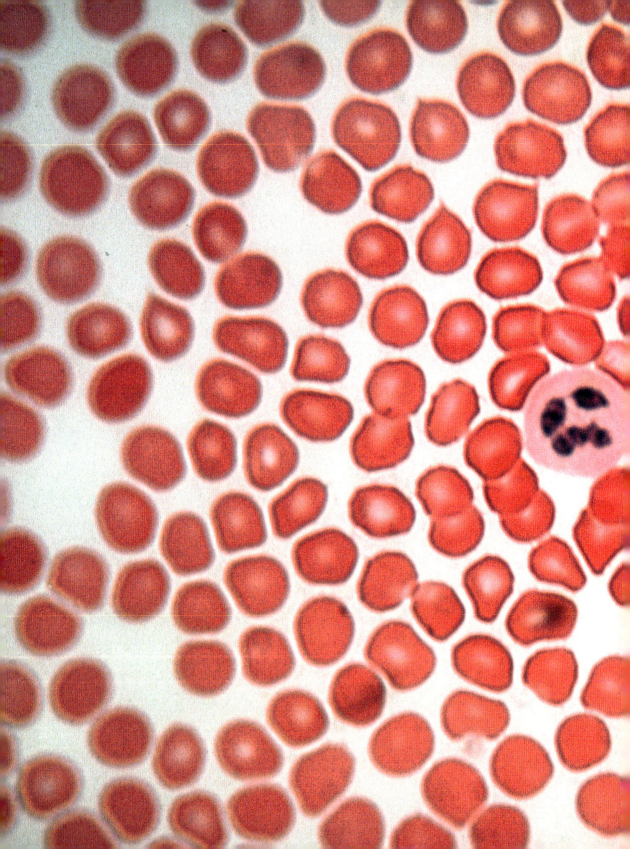

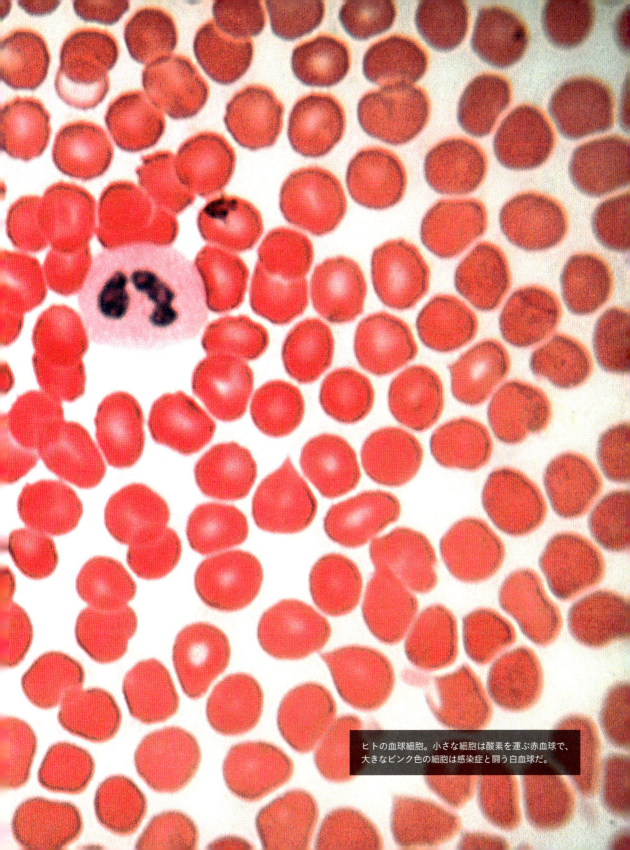

ヒトの血球細胞。小さな細胞は酸素を運ぶ赤血球で、大きなピンク色の細胞は感染症と闘う白血球だ。

CHAPTER 14

XとY

まだら猫から名字まで、性染色体には見かけ以上のものがある。

性と性別の分野は複雑だ。ごくふつうの遺伝学的・生物学的認識では、ヒトの女性は22対の常染色体に加えて性を決定する2本のX染色体を持ち、男性はXとYを1本ずつ持つ。とはいえ、これは絶対的な法則ではない。一般集団の400人にひとりは、性染色体が欠けていたり余分にあったりする。たとえば、X染色体を3本持つ人、X2本以上とY1本、あるいはX1本とY2本、X1本だけを持つ人もいる。

　性決定はごく初期、子宮内での胚発育中に始まる。通常、Y染色体がないと女の子になり、Y染色体があると（あるいはY上に見つかる一定の遺伝子があるだけで）精巣（男性生殖器）の発達が始まる。これもやはり100パーセント確実ではなく、遺伝的あるいはホルモンの変化によって、1本のYがある胎児が女の子として発育する場合や、生殖器に異常を持って生まれ、生物学的に性別がはっきりしない（インターセックスと呼ばれる）場合もある。

　性別（自分を男か女か、どう認識するか）および性的指向(どちらの性別の人に惹かれるか)に関しては、状況がさらに複雑になり、議論の的にもなっている。現在では、性別という概念は、個人の心理、外見、基本となる遺伝子構成、さらには社会的手がかりや期待など多くの要素によって引き出される。また科学者たちは、一卵性の双子と二卵性の双子を比べた研究結果に基づき、環境や生育からさまざまな影響があるものの、遺伝子が個人の性的指向の形成を補助すると考えている。本章では、XXは女性、XYは男性という想定のもとに、遺伝的な性決定を「性別」と呼ぶことにする。ただし、これはすべての人に当てはまるわけではなく、個人の性別は生物学的な性に自動的に従うわけではない。

男性をつくる

　妊娠6週めごろまで、子宮内で発育するヒト

▼性と性別は必ずしも単純ではない。

三毛猫の場合

三毛猫（または錆び猫）は、世界にある文化の多くで幸運を招く猫と考えられている。そのまだらの毛色は、X染色体不活性化が作動している好例でもある。猫の毛色にはいくつかの遺伝子が関わっていて、これらは異なる染色体上にある。その1つ、X染色体上のみにある遺伝子には、2つの異なるアレルが存在し、黒またはオレンジの毛をつくる。ほぼすべての三毛猫は雌なので、子宮内で子猫が育つうちに、各細胞にある2本のX染色体のどちらか一方がランダムにスイッチを切られる。雌の猫がオレンジと黒の毛をつくる両方のアレルをそれぞれのX染色体上に1つずつ受け継ぐと、毛を生やす全細胞のなかでそれらのスイッチがランダムに切られ、特徴的なまだら模様になる。

雄の猫にはX染色体が1本しかないので、毛色のアレルは片方（オレンジか黒）だけだ。X染色体は活性化され続けるので、すべての毛でこの遺伝子のスイッチが入り、結果としてオレンジか黒の雄猫になる。雄の三毛猫も存在するが、きわめてまれだ。たいていは、Y染色体1本の他に、X染色体が2本

あり（XXY）、Xの2本にはそれぞれオレンジの毛と、黒の毛になるアレルが入っている。Y染色体があるので雄になるが、すべての細胞でランダムにX染色体の不活性化が起こって、三毛になるというわけだ。

の男性（XY）と女性（XX）の胚のあいだに、見てわかるほどの違いはない。どちらにも、ウォルフ管とミュラー管、および生殖細胞（卵子や精子になる細胞）の小さなポケットからなる2組の管のような構造が、体の下部に通っている。男性がつくられる決定的瞬間は、Y染色体上の"SRY"という遺伝子のスイッチが入ったときに訪れる。SRYがコードする転写因子によって、いくつかの重要な変化を起こす一連の遺伝子のスイッチが次々に入る。ミュラー管は壊れて、ウォルフ管が男性生殖器官の内部配管に成長し始める。次に生殖細胞のポケットが精巣に成長し始め、男性ホルモンを産生し、さらに男性的変化を生み出す遺伝子を、発育する胎児のなか

で活性化させる。SRY遺伝子がない場合、つまりXX女性または遺伝子に欠損があるXY男性の胚では、初期経路として逆のことが起こる。ウォルフ管が壊れ、ミュラー管が女性生殖器系に成長し、女性特有の遺伝子が活性化して、生殖細胞のポケットは卵巣になる。

遺伝的性決定におけるXXとXYの染色体システムは、哺乳類でもショウジョウバエを含む他の動物でも同じだ。しかし、他の道すじもある。鳥にはWとZの性染色体があり、雄はZZ、雌はZWを持つ。虫のような小動物のなかには、雄と雌両方の生殖器を持つもの（両性個体）もいる。爬虫類では、いくつかの種の性

Chapter14 XとY 175

別は、発達のきわめて重要な時期に卵が孵化する温度で決まる。魚やカタツムリなど、一生のあいだに性転換が起こる動物もいる。

スイッチを切る

ヒトを含む哺乳類の雌がX染色体を2本持ち、雄が1本しか持っていないとすれば、一方の性別が他方に比べてX染色体を2倍持つことになる。1961年、イギリスの遺伝学者メアリー・ライアンは、科学雑誌《ネイチャー》に発表した論文で、雌のマウスが2倍量の問題を解決するために、体内のあらゆる細胞のX染色体2本のうちどちらか1本のスイッチをランダムに切って不活性化させ、その染色体にある遺伝子全部を抑えていることを示した。現在では、ヒトや他のあらゆる哺乳類が同じようにしていることが知られている。この過程は、もともとライアンの研究にちなんでライオニゼーションと呼ばれていたが、今では「X染色体不活性化」として知られていて、胚がまだほんの少数の細胞からなる時期に始まる。

X染色体不活性化の主役は"XIST"という遺

▼X染色体不活性化は発達初期に起こり、母親（M）または父親（P）から受け継いだX染色体が無作為に不活性化される。これによって、胎児の細胞の混合、いわゆるモザイク状態が生じる。

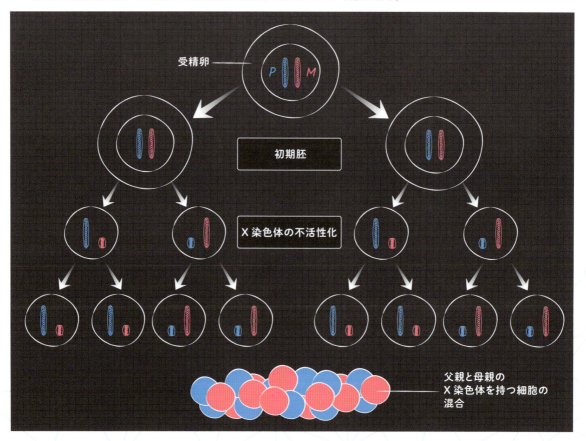

伝子で、これはX染色体上のみに見られる。重要なのは、XISTが、X染色体を2本以上持つ細胞（ふつうはXXの女性胚が持つ全細胞）のなかだけで発現し、XYの男性胚ではどの細胞でも発現がないことだ。XISTは2本のX染色体のうち1本からのみ転写される。スイッチが切られる（不活性化される）ほうの1本だ。X染色体上やゲノム内の他の場所にあるほとんどの遺伝子とは違い、XISTはタンパク質をつくらない。代わりに、およそ1万7000文字のとても長い非コードRNAをつくる。XIST RNAのたくさんのコピーが不活性化されるほうのX染色体を、RNAでコーティングするように包み込む。次に、これが抑制タンパク質とエピジェネティック・マーク（▶CHAPTER 9参照）を集めて、遺伝子のスイッチを切ったままにする。どちらのX染色体を不活性化するかはランダムに決められるが、細胞が分裂し増殖する際に受け継がれる。これによって、同じ不活化Xを受け継いだ細胞のかたまりからなるパッチワークがつくられる。これを専門用語でモザイクと呼ぶ（▶左ページの図参照）。

2倍のトラブル

わたしたちは、各染色体を2本ずつ、つまり両親のそれぞれから1本ずつ受け継いでいる。22対の常染色体については、各対の染色体で一方にある遺伝子がすべて2コピーずつある。もしも1本の染色体上の遺伝子に間違いや欠損があっても、もう1本の染色体にある同じ遺伝子がバックアップを行い、細胞の機能を適正に保つことができる。ただし、性染色体の場合、XYであるとこの過程は働かない。男性はX染色体を1つしか持たず、Y染色体には異なる一連の遺伝子があるので、X染色体の遺伝子にある欠損が継承されれば、バックアップはできな

い。これは、X連鎖変異と呼ばれるいくつもの病気や形質の原因になる。おそらくなかでも最も有名なのは、血友病だろう。この疾患は、3世代にわたるヴィクトリア女王の子孫の男子を苦しめた（▶CHAPTER 5参照）。

X連鎖形質のもう1つの好例は、赤緑色肓（色覚特性）で、イギリスでは男性のおよそ12人にひとり［訳注：日本人では20人にひとり］、女性の200人にひとりに現れる。X染色体上の2つの遺伝子“OPN1LW”と“OPN1MW”のどちらかにあった変異を受け継いだのが原因だ。これらの遺伝子は目のなかにある光に敏感な色素をコードし、異なる色を区別できるようにする。女性が変異遺伝子を1つだけ受け継いだ場合、通常の色覚になる。X染色体の一方が女性の細胞のなかで不活性化されても、残ったほうに機能的な遺伝子があり、じゅうぶんに補えるからだ。それに対して、XYの男性では、1つしかないX染色体上のどちらかの遺伝子に変異があると、遺伝的なバックアップがないので、確実に色肓になる。色肓は、女性ではずっと少ない。変異遺伝子のあるX染色体を2本受け継がなければ、この状態にはならないからだ。

しかしながら、健常な女性がX連鎖変異の遺伝子を1つ持っていれば、子どもたちに受け継がれる可能性があり、息子がそのX染色体を受け継ぐと、色肓が現れる。

X連鎖変異は女性では男性よりずっと少ないが、X染色体不活性化によるモザイク現象からまれな疾患が生じることがある。1901年、ドイツの皮膚科学者アルフレッド・ブラシュコは、ある種の皮膚疾患がすべて同じパターンに従っているらしいと気づいた。胸と背中を横切って両腕と両脚を下っていく湾曲した線で、トラ猫

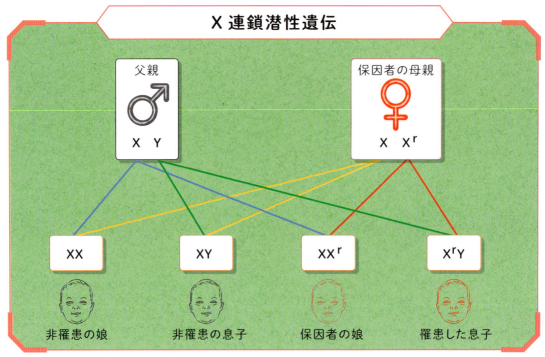

▲X連鎖変異は、特徴的な遺伝パターンをとる。

やぶち犬の縞にも似ていた。これらの線は、胎児が子宮内で発育するあいだに、体幹や四肢に沿って増殖し広がっていく。皮膚細胞がとる経路と一致している。ほとんどの人では、ブラシュコの線は目に見えないが、XXのいずれかにある特定の遺伝子に変異がある女性では、X染色体不活性化のランダムな様式によって、胚細胞群のいくつかで遺伝子が活性化し、別の群では活性化しないことになる。これが体じゅうに、活性化した遺伝子の異なる皮膚細胞の縞を生じる場合がある。もし皮膚の色素遺伝子に変異が生じれば、その縞は異なる2色になり、肌に異常な縞模様ができる。

遺伝的モザイクは、常染色体上の遺伝子に変化が起こった結果生じることもある。特に、胚発生のごく初期に変化が起こったときに多い（▶181ページ参照）。そういう場合、ランダムな変化（変異）が、たった1個の初期胚細胞にある遺伝子に影響を与える。ときにはこの変化が顕性（優性）になり、遺伝子の1コピーだけの変化で大きな影響が及ぶこともある。あるいは、初期胚のすべての細胞がすでに機能不全の遺伝子を1コピー持っていて、その変化が、機能的なほうの遺伝子コピーに影響を与える変異もある。

どちらにしても、胚発生が進むにつれて、異常のある細胞が成長して分裂し、発育する胎児のなかで定位置を占めていく。このモザイク現象の影響は、たとえば異常な色素沈着を生じた皮膚や髪などが、軽度の場合もあるが、もっとずっと重度の場合もある。"AKT1"という遺伝子のモザイク変化は、一部の細胞の際限のない増大を引き起こし、並はずれて大きな体の部位をつくる。変身能力を持つギリシャ神話の神にちなんで、プロテウス症候群と呼ばれる疾患だ。

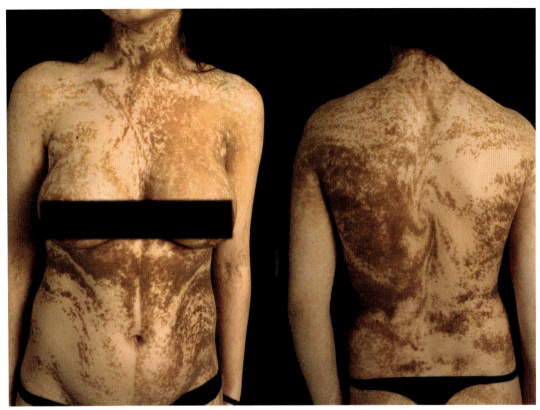

▲1本のX染色体の色素遺伝子に変化があると、ブラシュコ線の縞模様がはっきり現れる。

▶アルフレッド・ブラシュコ。

▶発育初期の1つの細胞の変異が、モザイク現象を引き起こす。

◀遺伝的なアダムとイヴは、聖書の神話に出てくる人物とは違う。

アダムとイヴ

　アダムとイヴの聖書物語は神話だが、遺伝子研究は初期の祖先について興味深い話を教えてくれる。Y染色体は常に父親から息子へ受け継がれるが、代々伝わってもそれほど変化しない。そのため、男性の遺伝的祖先をたどって、ハプロタイプと呼ばれる似通ったY染色体を持つ集団（ハプログループ）について一種の系譜をつくるのは比較的容易だ。ハプロタイプ間の違いを調べ、遺伝子の経時変化を計算した遺伝学者たちによれば、今いる男性全員にY染色体を分け与えたいちばん近い過去の祖先、いわゆる「Y染色体アダム」は、約20万年前に生存していた。

　一部の研究者は、Y染色体ハプロタイプの情報を使って、世界じゅう、特にヨーロッパ内の異なる集団の分布をマップにしている。これは、驚くほど詳細なレベルまで絞り込める。イギリスでは、父親の姓を子どもたちが受け継ぐのが慣例なので、どの息子もY染色体とともに姓を継承する。レスター大学のマーク・ジョブリング教授とトゥーリ・キング博士は、同じ姓を持つイギリスの家族が同じY染色体ハプロタイプを持つのかどうかを調べた。イギリスの40の異なる姓を持つ1600人以上の男性を調査したところ、比較的めずらしい姓を持つ人たち——たとえば、グルーコック、ワズワース、ケトリー、レイヴンズクロフトなどは、似通ったY染色体を持つ傾向があった。過去をたどってみたところ、それぞれの家族はおよそ700年前、その名前を持つ唯一ひとりの祖先を出自としているら

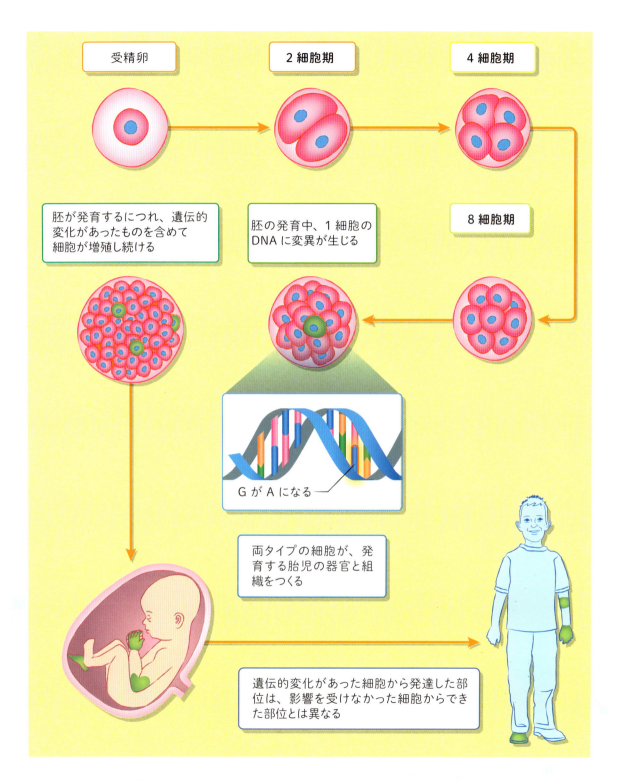

母親 vs 父親

人は、XとY染色体上にある遺伝子を除いて、あらゆる遺伝子を2コピーずつ持っている。ほとんどの場合、両方の遺伝子が機能的であれば、両方が活性化される。しかし、インプリント遺伝子と呼ばれるいくつかの遺伝子では、そうはならない。遺伝子によっては、母親か父親どちらかのコピーが活性化され、もう一方は抑制される。これらのインプリント遺伝子は、DNAメチル化という特別な様式を持っており、メチル化は卵子と精子がつくられるときにつけ加えられる。たとえば、"Igf2"と呼ばれる遺伝子は父親由来のアレルのみが発生のなかで活性化されて、母親から受け継いだアレルにはDNAメチル化マークがつけられ、常にスイッチがオフになる。Igf2は、細胞の成長を促進するタンパク質をつくるが、これは、胎児が子宮のなかで大きくなりすぎないよう、注意深く制御されなければならない。

ヒトゲノムにはおそらく200個ほどのインプリント遺伝子があり、その多くは成長と発達に、特に脳で重要な役割を果たしている。インプリントの誤りは、プラダー・ウィリー症候群（PWS）やアンジェルマン症候群（AS）などの疾患につながる可能性がある。これらはそれぞれ、ヒト15番染色体上にある遺伝子で、父親あるいは母親から受け継ぐアレルが欠損していると起こるが、両症候群はほとんど正反対の所見を呈する。PWSの子どもはいつも空腹で肥満になりうるが、ASの子どもは摂食に困難があり、他にもさまざまな重度の身体・精神的な症状を伴う。

▼プラダー・ウィリー症候群の人たちは、15番染色体に、インプリント遺伝子（父由来）の欠損をきたす遺伝的変化がある。

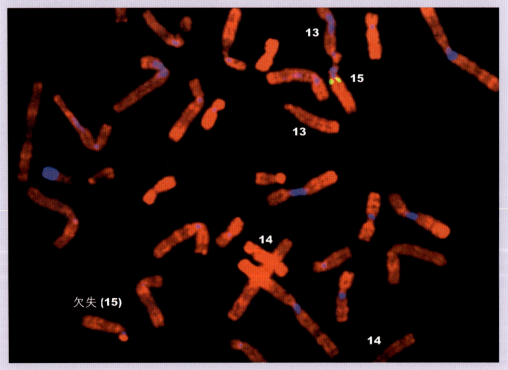

しかった。また、同研究によれば、スミスやベイカーなどの、過去にはたいてい職業を表すのに使われたよくある姓の人たちは、イギリスの住民のなかからランダムに選んだ男性たちと比べても、似通ったY染色体を持つ確率は高くなかった。

父から息子へほとんど変化なく伝わるY染色体とは違って、X染色体は世代を超えて受け継がれるあいだ、とりわけ卵子がつくられる減数分裂中に、かなり混じり合ってしまう（▶CHAPTER 4参照）。しかし、女性の系統をたどるには別の方法がある。ミトコンドリアDNAだ。すべてのヒト細胞にはミトコンドリアと呼ばれる分子の"発電所"があり、細胞が生きるのに必要なエネルギーを生み出している。核内の遺伝子からの指令に頼っている細胞の他の部分とは違って、ミトコンドリアはごく小さな独自のDNA（ほんの37個の遺伝子）を持っている。卵子にはたくさんのミトコンドリアがあるが、精子は胚に1つも持ち込まないので、子どもの細胞ですべてのミトコンドリアは母親由来になる。Y染色体DNAと同じように、ミトコンドリアDNAは時とともに比較的ゆっくり変化し、女性のみが受け継いでいく。世界じゅうの人々のミトコンドリアDNAを比較した研究によれば、現代人すべてが共有するミトコンドリアDNAを分け与えたいちばん近い過去の女性の祖先（ミトコンドリアイヴ）は、15万〜20万年前に生存していたと考えられる。

遺伝的なアダムとイヴという概念は、少し紛らわしい。彼らが生きていた時代を正確に特定するのは不可能だからだ。また当然ながら、たったひとりの男性とたったひとりの女性から人類が生まれたことを意味するものでもない。むしろ、当時生きていたおおぜいの人たちのなかから、たまたまひとりの男性のY染色体と、ひとりの女性のミトコンドリアDNAが、代々受け継がれ、今日の人類まで伝わったというほうが近い。

ここまで、人の脳や体、血液を構築するたくさんの遺伝子に注目してきた。しかし最近の研究では、ヒトゲノムのなかではるか昔に死んでいるウイルスも、人類を形づくるのにきわめて重要な役割を果たしてきたことがわかっている。

CHAPTER 15
ヒトをつくった ウイルス

ウイルスは、わたしたちに取りつく病原体というだけではない。ヒトゲノムの進化にもきわめて重要な役割を果たしてきた。

ウイルスは、たいていRNAで、タンパク質の殻に包まれた遺伝情報と説明できる。自力で生きて増殖できる細菌とは異なり、ウイルスは宿主細胞のなかでしか複製できない。最近の推計によれば、哺乳類に感染するウイルスは30万種類以上あり、他の種に感染するものはさらに多数ある。その一部、たとえばインフルエンザウイルスやエボラウイルスは、ヒトの細胞に入り込んで、細胞機構をハイジャックし、何百万個もの新たなウイルスをつくってさらに多くの細胞と他の人々を感染させようとする。しかし、ウイルスの一種はもっと狡猾だ。

　レトロウイルスと呼ばれるこれらのウイルスは、逆転写酵素を使って、RNAに基づく遺伝情報をDNAに変換する。次にこのウイルスDNAが自らゲノムに入っていき、休眠状態になって、適切な時が来たらふたたび新たなウイルスをつくり始める。ヒト免疫不全ウイルス（HIV）はおそらく、ヒトに感染するレトロウイルスの最も代表的な例だが、他にもいくつかある。レトロウイルスはヒトのDNAのなかに潜り込めるので、もしそれが生殖細胞（卵子または精子をつくる細胞）で起これば、ウイルスDNAが次世代に受け継がれる。時とともに、それらのウイルスDNA配列は変異をきたし、適切に機能できなくなったり、他の細胞に感染する新しいウイルスをつくれなくなったりする。事実上それらのウイルスは死んでいるのだが、ゲノムのなかには残っている。

　大規模DNAシークエンシング技術の開発以来、科学者たちは何千年（あるいは何百万年）も前にヒトゲノムに入り込んだ多数のウイルスを発見した。ヒトのDNAの最大80パーセントは、もともとなんらかの形でウイルスに由来するのかもしれないという推定もある。そういうウイルス配列のいくつかは、ずっと昔に死に絶えた遺伝子の化石であるだけでなく、ヒトにとってとても有益な働きをしている。場合によっては、人類の進化に関わるきわめて重要な役割を果たしてきた。

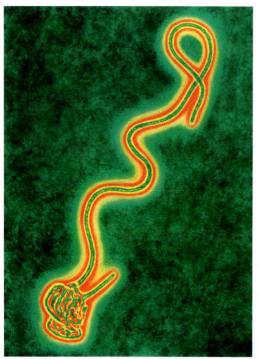

◀エボラウイルスは危険きわまる。でもDNAに入り込みはしない。

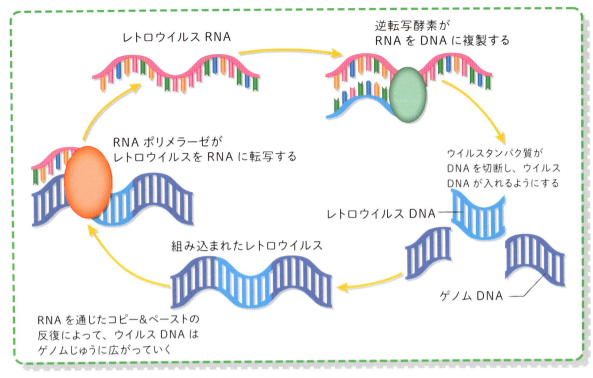

▲レトロウイルスは自らの遺伝情報をゲノムに挿入し、一度入ればなかを飛び回れる。

ヒト内在性レトロウイルス（HERV）

　ゲノムに自らを埋め込んでも新しくウイルスをつくる能力を失い"死んでいる"レトロウイルスは、レトロエレメントと呼ばれる。ヒトゲノムの最大40パーセントは、レトロエレメントの反復からなる。これらの配列の一部は、おそらくいわゆるジャンクDNA（▶CHAPTER 1参照）だが、別の一部は役に立っている。1つの重要なグループは、ヒト内在性レトロウイルス（HERV）だ。これはヒトゲノムの約8パーセントを構成し、DNAのなかで、実際にタンパク質にコードされる遺伝子より数倍大きな場所を占めている。ヒトゲノムには多くの異なる種類のHERVが散らばっているが、すべてはもともと進化の歴史における大昔のウイルス感染に由来している。多くはDNAメチル化などのエピジェネティック・マークに覆われていて、静止状態が保たれ、悪さはしないが（▶CHAPTER 9参照）、ときどきこの抑制状態から逃れ、活性化することがある。

　HERVにはもう感染性はないが、今もRNAポリメラーゼによって転写されてRNAをつくることができ、そこからタンパク質に翻訳され、さらにDNAに変換されることもある。またHERVには、近くの遺伝子を活性化させる遺伝的なスイッチとして働く配列も含まれる。2016年、ユタ大学の科学者たちは、興味深い発見をした。6000万〜4500万年前にヒトゲノムに入り込んだウイルスに由来するMER41と

Chapter 15　ヒトをつくったウイルス　187

バーバラ・マクリントックとジャンピング遺伝子

▲1947年、研究に従事する先駆的な遺伝学者バーバラ・マクリントック。

▶マクリントックのトウモロコシの研究は、トランスポゾンの活動を明らかにした。

　アメリカの遺伝学者バーバラ・マクリントックは、1940年代から1950年代にかけてトウモロコシを使った詳細な実験によって、いわゆるジャンピング遺伝子（トランスポゾン）を初めて発見した人物だ。マクリントックは、ある種の遺伝要素がトウモロコシのゲノムのなかを飛び回って、トウモロコシの穀粒にまれな色のパターンを生じることに気づいた。最初の画期的な発見をしたとき、その結果を信じる研究者はほとんどいなかった。ゲノムは固定されていて動かないと考えていたからだ。マクリントックは懸命に、研究結果を発表して自説に対する評価を得ようとしたが、ジャンピング遺伝子の役割を含めた遺伝子の機能を理解するうえでその研究がどれほど重要かが認められたのは、ずっとあとのことだった。1983年にようやく、ふさわしい讃辞として、マクリントックは81歳でノーベル生理学・医学賞を授与された。

いうHERVの配列が、インターフェロンと呼ばれる分子に応答する遺伝子のスイッチを入れる原因となっていることがわかった。インターフェロンは最初の危険信号となり、免疫細胞に向けて準備を整えウイルス感染と闘うように命じる。HERVのRNAからつくられたDNAは、ウイルスに対する免疫反応の促進に関わっているという証拠もある。これら古代のウイルス配列は、まさに遺伝子の二重スパイになり、侵入しようとする他のウイルスを細胞が撃退するのを助けている。

　シンガポールの研究者たちの発見によると、HERVHというある種のHERVは、幹細胞内の

長い非コードRNAに活発に転写され、ごく初期のヒト胚に埋め込まれる。さらに、複数のHERV自体が制御スイッチとして働き、胚性幹細胞の特質の維持に関与する遺伝子のスイッチを入れているらしい。HERVHは、他の細胞型のなかでは活性化せず、人類および最も近い親戚である類人猿（ゴリラ、チンパンジー、テナガザル、オランウータン、ボノボ）のみで見つかる。霊長類がこのウイルスを効果的に取り込み、初期発生の過程に役立ててきたことを示す好例と言える。

さらに奇妙なことに、カリフォルニア州のスタンフォード大学のジョアンナ・ヴィソツカ教授が率いる研究者たちは、胚がほんの小さな細胞のかたまりであるとき、特定のHERVが再活性化されて、ウイルスのような粒子がつくられ、それが胚細胞のなかにとどまることを発見した。とらわれたウイルスが何をしているのか、はっきりとはわかっていないが、感染を狙っている外部の有害なウイルスに対して胚を保護する役割を担っているのかもしれない。ここでも、ヒトゲノムのなかにいる古代のウイルスが、今日のヒト細胞の働きを助けるのに利用されている。

HERVだけでなく、ヒトゲノムには別の種類のレトロエレメントもある。これらの一部は、レトロトランスポゾンと呼ばれ、反復するジャンクDNAのほとんどを構成していて、はるか昔に死滅した遺伝子の化石と考えられていた。ところが、高精度DNAシークエンシング技術を使った新たな研究によって、これらのレトロトランスポゾンがゲノム内、特に脳の神経細胞内で動き回れることが明らかになった。飛び回る配列が何をしているのかはここでもはっきりしないが、ニューロンの遺伝的多様性とそのコンピューターのような能力の両方を高めるのに

◀ウイルス由来の遺伝子が、ヒトの発育に不可欠な役割を果たしている。

Chapter 15　ヒトをつくったウイルス　189

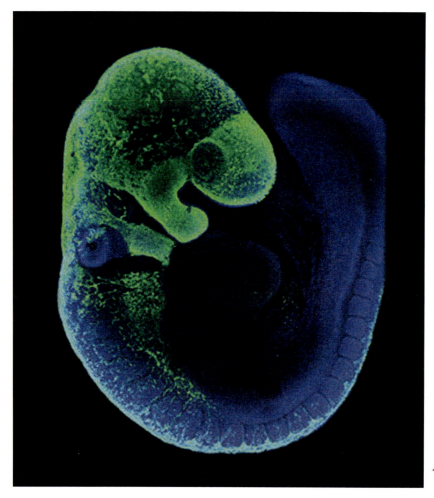

◀マウス胚の神経堤細胞
（緑色の部分）

重要なのかもしれない。マイナスの側面としては、統合失調症などの精神障害や、老化に伴う脳の変化にもなんらかの役割を果たしているようだ。さらに、HERVや他のレトロエレメントは、きわめて重要な遺伝子の活動に混乱や影響を与えることで、がんや自己免疫（免疫系が体内の健康な細胞を攻撃する）疾患にも関係している。

哺乳類をつくったウイルス

　15年ほど前、マサチューセッツ州の研究者たちは、胎盤（哺乳類の子宮と発育する胎児をつなぐ器官）の細胞内だけでスイッチが入る新たなヒト遺伝子を発見した。「シンシチン」と呼ばれるその遺伝子は、細胞を互いに結合させるタンパク質をコードし、胎盤の重要な部分を構築する大きな融合細胞の層をつくる。奇妙なことに、シンシチンのDNA配列は、一部のレトロウイルスがタンパク質の殻をつくるのに使う暗号にとてもよく似ている。のちに、別の科学者たちがもう1つのヒトシンシチン遺伝子を見つけたが、それもやはり胎盤の構築に関与していて、母親の免疫系を抑制するのを助け、発

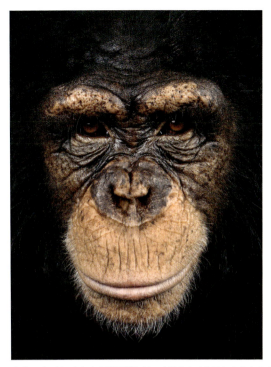 

▲チンパンジーとヒトの顔の違いは、古代のウイルスによるものかもしれない。

育する子どもへの攻撃を妨げる。この遺伝子も、レトロウイルスにとてもよく似ている。明らかに、ヒトは何百万年も昔、そういうウイルス遺伝子を取り込んで発育に不可欠な仕事をさせるようになり、ウィルス遺伝子はわたしたちのゲノムの恒久的な備品になった。

　興味深いことに、ヒトと親戚のような霊長類は2つのシンシチン遺伝子を共有しているのだが、他の哺乳類にも融合細胞の層を伴う胎盤はあるものの、この遺伝子は存在しない。しかし現在では、マウスも異なる種類のシンシチン遺伝子を2個持っていることがわかっている。それはヒトの遺伝子と同じ仕事をしてはいるが、まったく別のウイルスに似ている。さらに、猫と犬にも、同じ役割を果たす別の独特なウイルス由来の遺伝子があり、それらは同じ先祖である肉食動物から受け継がれている。しかし、ブタやウマには胎盤に融合細胞の層がなく、他の哺乳類のシンシチンに似た遺伝子もない。おそらく遠い昔、進化の歴史で、適切なウイルスを捕らえなかったのだろう。

顔を変え、脳を変える

　スタンフォード大学のジョアンナ・ヴィソツカ教授は、初期胚におけるHERVの役割を調べることに加え、ヒトとチンパンジーの主要な遺伝的違いを探っている。ヒトとチンパンジーは遺伝子がほとんど同じなのに、外見も行動も明らかに違っている。決定的な違いは、発育中に遺伝子のオン／オフを切り替える制御スイッチにあるはずだ。ヴィソツカ教授が率いるチームは神経堤と呼ばれる細胞集団に注目してい

Chapter 15　ヒトをつくったウイルス　191

細菌は友だち

このところ、ヒトの体内に棲む別種類の微生物である細菌に、科学界とメディアの注目が一段と集まっている。以前の推定では、体内の細菌細胞はヒト細胞の10倍多いと言われていたが、最近の算定では比率は1対1に近いとされる。そうだとしても、腸内や皮膚など、いたるところに最大1兆個の微生物が棲んでいることになる。ただの居候ではなく、その人が持つ細菌（マイクロバイオーム）は、今では健康と快適な生活に重要な役割を果たすと見なされている。科学者たちは現在、腸内細菌と、肥満から腸のがん、精神保健の問題にいたるまで、さまざまな病気との関連を解明しつつある。いずれ、体内に棲む多様な種の細菌を操作して、健康を増進し、体重の制御や病気の治療をさせることが可能になるかもしれない。しかしそれが実現するまでには、まだ多くの研究が必要だ。

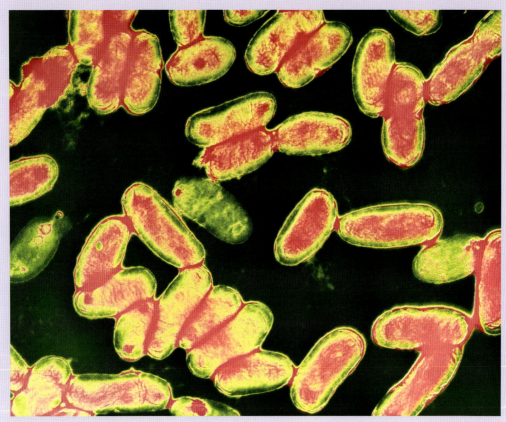

▲細菌はヒトを病気にさせるだけでなく、健康を保つのにも役立つ。

る。子宮のなかで胎児が育つにつれ、これらは
さまざまな細胞型に変わる。たとえば皮膚の色
素細胞（メラニン細胞）、脳の支持細胞、ある種の
筋および神経細胞、さらには骨や顔の軟骨など
もそうだ。

チンパンジーとヒトのどちらにも神経堤細胞
があって、両種の胎児の発育で同じ仕事をして
いる。けれども、ヒトの容貌は、わたしたちの
親戚チンパンジーの容貌とは大きく違う。ヴィ
ソツカは、ヒトの神経堤細胞内の遺伝子活性の
パターンが、チンパンジーのそれと明確に異な
るからに違いないと判断した。そして遺伝子の
活性パターンとそれらを制御するスイッチを詳
しく調べ、ヒトの神経堤細胞だけで活性化して
いるスイッチの多くが、レトロエレメントでつ
くられたらしいことを見出した。こういう古代
のウイルスの名残りはおそらく、チンパンジー
に似た鼻先が長く突き出た祖先の容貌から、平
たくきめ細かいヒトの顔をつくるのに重要な役
割を果たしたのだろう。

人類を形づくる一助となったもう1つのウイ
ルスは、脳の神経細胞間に信号を送るタンパク
質をコードする"PRODH"という遺伝子のそば
で見つかった。この遺伝子は、はるか昔に死ん
でいる内在性のレトロウイルスでつくられた制
御スイッチのおかげで、記憶の形成に関わる海
馬という領域で特に活性化している。チンパン
ジーも異なるPRODHのアレルを持っている
が、近くにそういう特定のウイルス配列がない
ので、脳でつくられるPRODHタンパク質は
ずっと少ない。

一説によれば、人類の祖先に起こった変異が
なんらかの形でPRODHの隣にウイルスDNA
の複製を生じ、それが脳の遺伝子を活性化させ

始めた。こういう遺伝的変化はチンパンジーで
は起こらなかったので、同じレベルの遺伝子活
性は生じない。この変化がヒトの脳にチンパン
ジーと異なるどんな影響を与えているのかは不
明だが、PRODH内の異常は統合失調症などの
脳障害に関わっているようなので、なんらかの
重要な意味がある可能性は高い。

現在、多様な動物の種のDNA配列を比較す
る新たな研究では、はるか昔に死んでいるウイ
ルスがゲノム内の制御スイッチの多くをつくり
上げ、遺伝子を適切な時に適切な場所で活性化
させていることが解明されつつある。こういう
スイッチは種によっていくぶん異なる傾向があ
るが、遺伝子のほうはもっと似ている。たとえ
ば、カナダのある研究によると、霊長類だけに
見られる（他の哺乳類にはない）制御スイッチ
のほとんどは、もともとウイルス由来のようだ。
おそらく、哺乳類の祖先のさまざまな集団に特
定のウイルス感染が起こり、異なる種への進化
を方向づけたのだろう。

遠い昔に感染したウイルスが、ヒトゲノムの
進化に不可欠な役割を果たし、今も遺伝子の多
くの面を制御していることは明らかだ。もしか
すると現生人類に感染しているウイルスが、将
来ヒトゲノムの重要な一部になるかもしれな
い。もちろん、確かなことは言えない。野生の
ウイルスをDNAの領域内に取り込んで役立て
るには、何百万年もかかるからだ。

感染を引き起こしてヒトを病気にすること
ができるのは、ウイルスや細菌だけではない。
DNAの変化も、健康に大きな影響を与える。
次章で見ていこう。

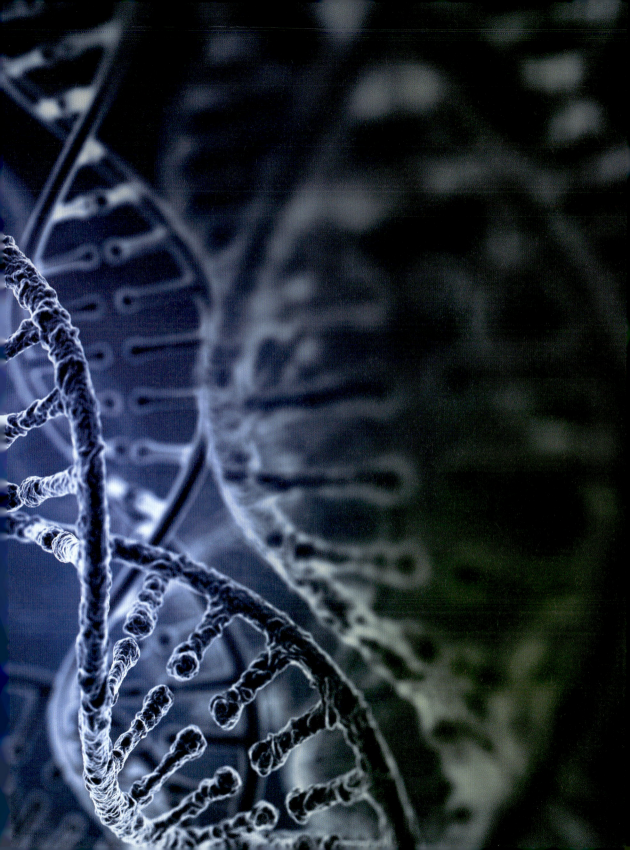

CHAPTER 16

物事が
悪い方向へ
進んだら

人の体も含め、永遠に続くものは何もない。遺伝子は、老化するにつれてかかりやすくなる病気にも重要な役割を果たしている。

誰でもいつかは死ぬというのは人生の悲しい事実だが、人はみんなできるかぎり長く健康な人生を送りたいと願っている。公衆衛生の進歩（衛生設備の向上、栄養状態の改善、ワクチンなど）によって、平均寿命は過去1世紀のあいだに多くの国で飛躍的に延びた。ところが寿命が長くなるにつれ、がんや認知症など、老年期を襲いやすい病気の発生率が上昇してきた。

早期診断と治療の進歩によって、今日ではがんと診断された人のおよそ半数は少なくとも10年生存し、1970年代以来、平均生存期間は2倍に延びている。本当の意味でがんが治せるようになるまでにはまだ長い道のりが待ち受けている。そして、闘いがこれほど困難な理由は遺伝子のなかにある。

制御不能

がんの始まりは、1個の細胞、あるいは小さな細胞群が制御できなくなって増殖し、腫瘍を形成するときだ。やがて、がん細胞はこの原発性腫瘍から離れ、血流を通じて拡散する。そして体の別の場所、特に脳、骨、肺、肝臓に新たな続発性腫瘍をつくる。遺伝子は、細胞が必要とされたら増殖を命じ、損傷したら死を命じる。主要な制御遺伝子になんらかの変化があれば、がん発生の機会が増え、拡散が始まる。

100年以上にわたるひたむきな研究の結果、今ではがんの基礎となる遺伝的変化についてきわめて多くのことがわかっている。大規模DNAシークエンシング技術の進歩のおかげで、ここ数年でそれはさらに加速している。科学者たちは、世界じゅうの患者から得た何千もの腫瘍サンプルのゲノムを解読できる。いくつかの遺伝子の異常は、がんのリスクを高める（たとえば、"BRCA1"と"BRCA2"の変化は乳がん、卵巣がん、前立腺がんに連関する）。しかし、影響の少ない微細な遺伝子多様性と同じく、がんを活発にする遺伝的変化のほとんどは、生涯にわたって積み重なっていく。だからこそ、がんのリスクは年をとるにつれて高まる。つまりDNAのなかに間違いが生じる時間がたくさんあるからだ（DNA損傷の原因についての詳細は▶CHAPTER 4参照）。とはいえ、ただ1個の決定的な"がん遺伝子"はない。科学者たちは、がんが発症するには、主要となる遺伝子群で異常が続けて起こることが必要と考えている。

がんに関わる遺伝子には2つのおもなグループがある。1つめは1970年代、細胞をがん化させるウイルスの研究が行われていたときに発見された。科学者たちは、細胞を成長させるウイルスの遺伝子が、じつは細胞分裂に関わる正常な遺伝子の複製であることに気づいた。進化の過程のどこかで、ウイルスはそれらの遺伝子を捕らえ、感染すると細胞に制御不能な増殖を起こさせるようになった。のちに科学者たちが発見したのは、ヒトのがんの多くが、増殖にはずみをつけるのにウイルスを必要とはせず、それ自体の細胞分裂に必要な遺伝子の正常アレルに、異常である発がん遺伝子（オンコジーン）があることだった。当時は、ウイルスがすべてのがんを引き起こすと考えられていたが、この新たな発見によって、がんは自らの細胞内にできた遺伝子の異常で始まる可能性が示された。発がん遺伝子を活性化させる病因的変異は、適切でないときに細胞増殖させて、がんの推進力となるおもな要因と見なされている。

多くの発がん遺伝子がコードするタンパク質は、細胞に入り込んで分裂を指示するシグナルを送受信する。通常これらのシグナルは、新たな細胞が必要なときにだけ送られる。たとえば、死んだか損傷した細胞を交換するためや、生物が成長するときだ。発がん遺伝子のある種の変異は、つくっているシグナル伝達タンパク質を恒久的に活性化させ、入ってくるシグナルがないときでさえ細胞分裂を持続的に命じるようになる。これは車のアクセルを踏み込んで、どんどん加速していく様子にも似ている。

2つめの重要な遺伝子群は、がん抑制遺伝子と呼ばれ、細胞のブレーキとして働く。細胞増殖を引き起こす発がん遺伝子と違って、がん抑制遺伝子は人体をがんから守る。DNA修復や細胞死などの過程に関わるタンパク質をつくり、損傷した細胞ががん化する前に修復や破壊を行う役割を担っている。がん抑制遺伝子を不

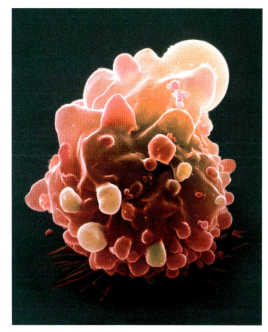

▲腸のがん細胞。

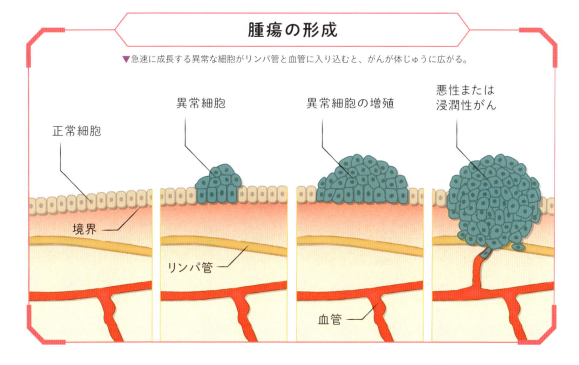

腫瘍の形成

▼急速に成長する異常な細胞がリンパ管と血管に入り込むと、がんが体じゅうに広がる。

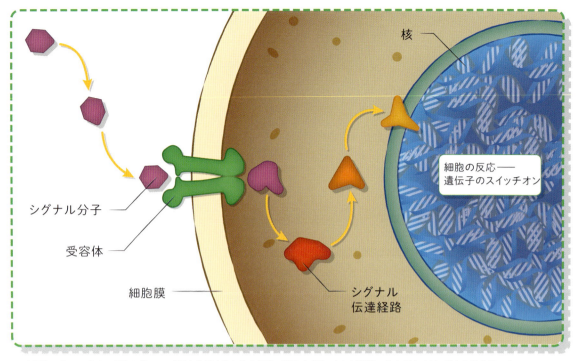

▲ 細胞に入ってくるシグナルが、いつ成長し分裂するかを命じる。活発すぎる、または間違ったシグナルは、がんを引き起こす。

活性化する異常があると、細胞が適切に修復されなくなるか、あるいは、必要なときに死滅しなくなる。細胞の抑制が外れ、増殖が始まってがん化するのは、アクセルの操作不能（発がん遺伝子の過剰活性化）とブレーキの欠如（がん抑制遺伝子の不活性化）が原因だ。

幹と枝

　腫瘍の大規模なゲノム配列研究は、患者個人の病気の原因となる遺伝的変化に関する膨大な情報を明らかにしつつあり、今ではがんがそれぞれの人に特有であることがわかっている。多くの場合、それぞれの腫瘍には何百、あるいは何千もの変異があるのかもしれない。とはいえ、すべての変異が、がん細胞の成長と転移の原因（ドライバー変異）になるわけではない。パッセンジャー変異（背景変異）と呼ばれる変化は、がんと関係なく、そこにいるだけだが、これが医師にとって大きな難題となっている。がんは体内の発生部位で区別すべきという今までの考えから離れて、その人の腫瘍増殖を駆り立てる特定の遺伝子異常に狙いを定めることを考えなければならないからだ。

　多くの製薬会社は、発がん遺伝子がつくる活性が過剰な特定のシグナル伝達分子を阻害する薬を開発中だ。とはいえそれらは、特異的な遺伝子異常によって引き起こされたがんにかかった人にしか効かないだろう。これは標的治療と呼ばれる。どの標的薬がどの患者に効くかは、その人の遺伝子構成とがんを引き起こす遺伝子の異常によるが、それを正確に見極めることを、精密医療または個別化医療と呼ぶ。これは急成長の分野であり、この方法が新たな治療につながることに多くの望みがかけられているが、実

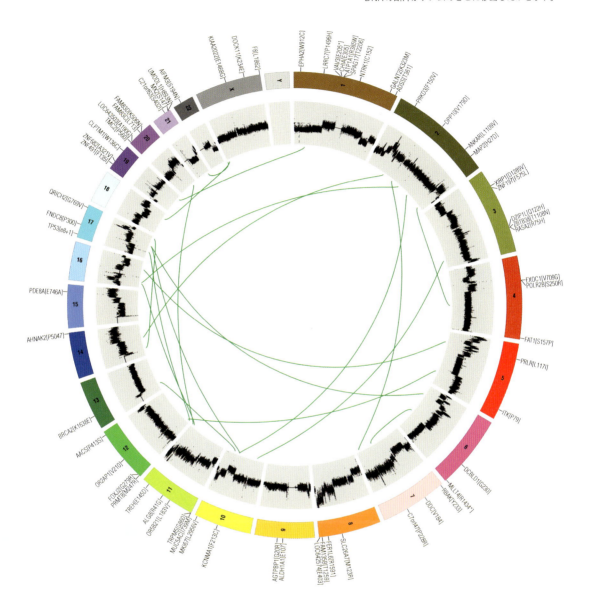

▼腫瘍の遺伝的変化を示すサーコスプロット。円は全染色体を示し、中央に引かれた緑色の線はDNAの断片がゲノムのどこに移動したかを示す。

Chapter16 物事が悪い方向へ進んだら 201

際にはそれほど簡単ではない。

ダーウィンが示したとおり、生物は環境の変化に合わせて適応し、時を経て進化していくが、がんはずっと短い期間に体内で進化する。がん細胞には誤ったDNA修復システムがあるので、すばやく適応して、DNA損傷の化学療法や放射線療法に耐えるようになる。がん細胞は、シグナル伝達遺伝子も変化させることがあり、やがて標的薬にも反応しなくなる。治療に抵抗するがん細胞がわずかでも残れば、生き延びて成長し、変化し続けるので、何カ月、あるいは何年もあとになって再発することがある。こうなると、そのがん細胞には完全に耐性ができて、治療は失敗に終わってしまう。

腫瘍の進化は大きな問題であり、がんの治療がとてもむずかしいおもな理由でもある。研究者たちは、がんがどのように進化して治療への耐性を獲得していくのかを説明する法則やパターンを突き止めようとしている。成功すれば、それはがんを理解し、効果的に撃退するうえでの大きな一歩になるだろう。

脳の崩壊

長く生きるうえで心配しなければならない病気は、がんだけではない。認知症のリスクは高齢になるほど上がり、65歳から90歳で5年ごとに約2倍になる。認知症には多くの型

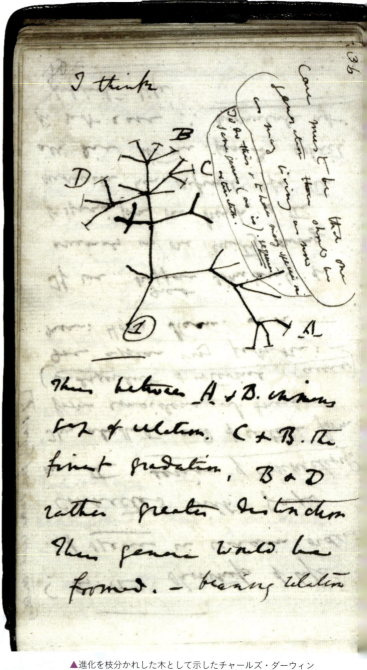

▲進化を枝分かれした木として示したチャールズ・ダーウィンの有名なスケッチ。

があるが、すべて記憶と脳機能の進行性障害を特徴とし、行動と人格の変化を伴う。最も一般的な型はアルツハイマー病だ。1906年に初めてこの病気を記述したドイツの精神科医、アロイス・アルツハイマーにちなんで名づけられた。

現在では、アルツハイマー病が脳に劇的な変化をもたらすことが知られている。明らかな所見の1つは、アミロイドとタウと呼ばれる有害な2種類のタンパク質の形状があり、それが蓄積することだ。病気になると、この2つが脳のなかで増えて、有害なかたまり状のアミロイドプラークとタウの長いもつれ（タングル）がつくられる。今のところ、アミロイドとタウのどちらがアルツハイマー病を促進するおもな原因なのか、それとも別の潜在的な過程が作用しているのかは明らかになっていない。

臨床試験では、どちらのタンパク質の除去を狙った薬も不首尾に終わっている。もしかすると、プラークとタングルが増え始めるころには、遅すぎて治療や予防薬の効果が出ないのかもしれない。つまり、もっと早く病気を診断する方法を探す必要がある。2016年、イギリスの医学研究会議は、アルツハイマー病を発症するリスクがありそうな250人を対象にした大規模研究を開始し、ごく初期での徴候の発見を期待して、広範囲にわたる検査や脳スキャンを行って観察している。オックスフォード大学の研究者たちが率いるこのチームは、できるだけ早い時期に治療法を試せるように、発症しかけたときの身体的変化が見つかることを期待している。

診断と治療の新たな手がかりは、アルツハイマー病発症のリスクが上昇する多様な遺伝子を探す研究からも得られるかもしれない。中年期発症の遺伝型アルツハイマー病を患う人の家

▌ がんに対する致死的兵器 ▌

ほとんどの化学療法薬は、腫瘍細胞の増殖を止めることによって効き目を現す。けれども、がんに特異的ではなく健康な細胞の成長も妨げるので、吐き気や血液障害、脱毛などの副作用を生じる。求められているのは、がん細胞だけを攻撃するもっと的を絞った、より穏やかな治療法の発見だ。興味深い方法の1つに、イギリスの科学者スティーヴ・ジャクソン教授とアラン・アッシュワース教授が開発した合成致死性を利用した治療法がある。彼らは、細胞がDNA損傷を修復するのに2つの道すじを持つことに気づいた。1つには、BRCA1またはBRCA2遺伝子（▶CHAPTER 4参照）がつくるタンパク質が関与している。もう1つはPARP（ポリADPリボースポリメラーゼ）を利用している。

BRCA1またはBRCA2が欠損したがん細胞（どちらか一方の遺伝子の異常なアレルを受け継いだ人で増殖）は、DNA損壊を修復するときPARPに頼る必要がある。ジャクソン教授とアッシュワース教授、その同僚たちは、PARP阻害薬でがん細胞がDNAを修復できないようにすれば、細胞が死ぬだろうと気づいた。その考えはうまくいった。2015年、オラパリブ（リンパルザ）という薬が、欠損のあるBRCA遺伝子を持つ女性の卵巣がんを治療する初のPARP阻害薬として承認された。現在、同様に標的となるDNA修復遺伝子の別の組み合わせが探究されている。

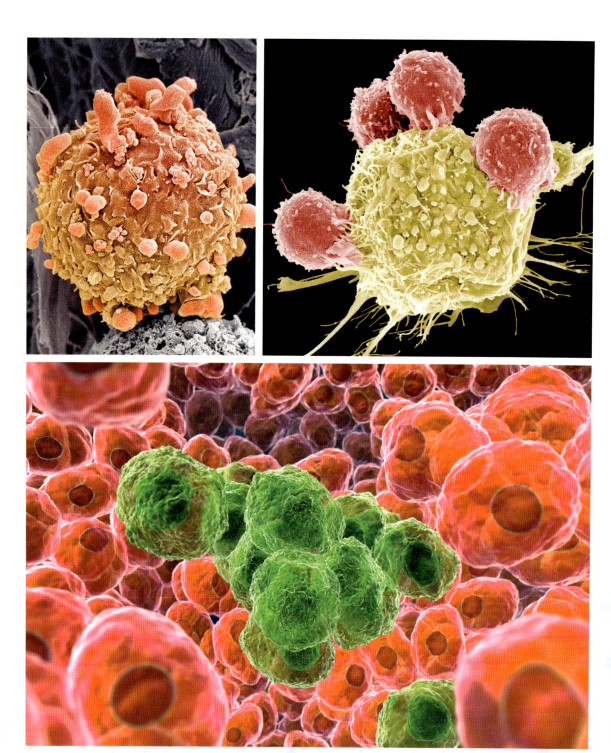

▲がん細胞の電子顕微鏡画像は美しく見えるが、この病気は命取りにもなる。

なぜゾウはがんにならないのか？

　1970年代、イギリスの生物学者リチャード・ピート―教授は、奇妙な矛盾に気づいた。もし体内の1個の細胞ががん化する確率がすべての動物で同じだとすれば、たとえばゾウのように大きく長生きする種は体にずっと多くの細胞を持つので、人間よりずっと多くがんを発症しているはずだ。しかし、ゾウはめったにがんにならない。2015年、ユタ大学のジョシュア・シフマン博士が率いるチームは、その理由を発見した。ユタ州のホーグル動物園のゾウから採取したDNAサンプルを調べたところ、ゾウはゲノムのなかに"P53"の守護遺伝子を特に多く持つことがわかった。P53が多くあるおかげで、がんからさらにしっかり保護され、細胞が損傷を受ける と、増殖し続けて腫瘍を形づくる代わりに、確実に死滅するようになっている。

　がんに対して並外れた抵抗性を持つ別の動物に、ハダカデバネズミがいる。変わった容貌をした、無毛のげっ歯類の動物種で、アフリカの砂漠の地中に暮らしている。この生き物は、がんから身を守るのに役立つ特別な腫瘍抑制遺伝子を持っている。さらに、"ヒアルロン酸生成酵素2"という遺伝子のまれなアレルも持っている。この遺伝子でつくられる酵素はとても大きく粘度の高い分子で、一種の細胞接着剤のように働き、どんながん細胞もネズミの体内で拡がるのを阻止している。

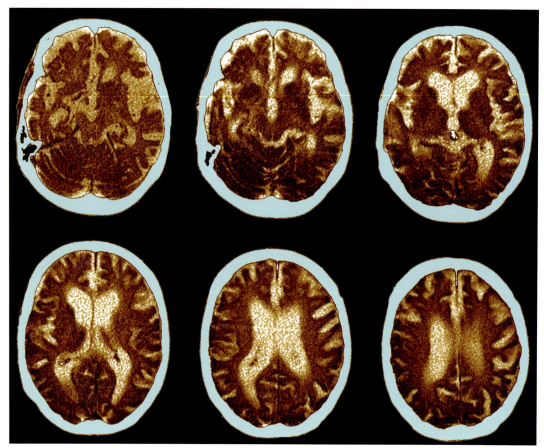

▲アルツハイマー病は、脳内の構造の破壊を引き起こす。

族調査によって、重要と考えられる3つの主要な遺伝子の異常が発見されている。その1つは"APP"と呼ばれ、アミロイドになるタンパク質をコードしている。他の2つは、プレセニリン1とプレセニリン2というタンパク質("PSEN1"と"PSEN2"遺伝子からつくられる)で、APPタンパク質の切断に関わり、常態ではプラークを形成する有害なアミロイドの蓄積を妨げている。

もし3つの遺伝子のうち1つの異常なアレルを受け継げば、30代か40代でアルツハイマー病を発症するリスクが高くなる。一般集団を対象としたさらなる研究では、高齢になってからの発症リスクに多少の影響を与える遺伝子がいくつか見つかった。そのうち一部は炎症(一種の免疫反応)に関わっていて、別の一部は脳からアミロイドを除去する役割を担っている。

リスクと最も強い関連があるのは"APOE"という遺伝子で、これはアポリポタンパク質Eと呼ばれる分子をつくる。人のAPOEには3つのアレルがあり、2、3、4と紛らわしい番号が振られている。APOE4アレルを2つ(両親から1つずつ)受け継ぐと、アルツハイマー病の発症リスクが、最少リスクのアレルよりも12倍高

くなり、APOE4を1つ受け継ぐとリスクは4倍高くなる。アミロイドとタウばかりが注目されていたので、アポリポタンパク質Eが脳内で何をしているのか、遺伝子多様性がどのようにアルツハイマー病のリスクを高めるのか、はっきりしたことはわかっていない。

これは認知症の1つの型にすぎず、他にもあまり知られていないいくつもの認知症の種類がある。パーキンソン病や運動ニューロン疾患などの、脳神経系が侵される他の病気は、不明な点が多く、今のところ治療できていない。残念ながら、高齢化社会のなかで大きな問題になりつつあるにもかかわらず、認知症や他の神経変性疾患の研究はまだかなり資金が不足している。

ここまで、ヒト遺伝子がどのように働き、どうやって体をつくり、誤った方向へ進むと何が起こるかを詳しく見てきた。最終章では、将来わたしたちの遺伝子、そしてわたしたちの種に何が起こるのかを探ってみよう。

血液のなかに

がん治療に関する最大の難題の1つは、治療にどのくらいよく反応するかと、がん細胞が治療に耐性を持つようになるかを監視することにある。現時点では、CTおよびMRIスキャンを使うか、手術で腫瘍のサンプルを採取して（生体組織診断）行っている。科学者たちは現在、腫瘍が崩壊するとき患者の血流に入り込むDNAまたはがん細胞自体を追跡し、高精度DNAシークエンシング技術を使って遺伝的な変化を分析する方法を開発している。液体細胞診（リキッドバイオプシー）と呼ばれるこの新たなテクノロジーによって、医師は数日で治療が効いているかを確かめ、がんがどのように進化して遺伝子レベルで変わっているかを追跡できる。おそらくいずれは、簡単な血液検査でがんを診断し、血流内にある腫瘍のDNAからの情報を使って各患者に最も効果的な治療法を予測できるようになるだろう。

CHAPTER 17
ヒト2.0

デザイナー・ベイビーか、移植のための臓器か、それとも絶滅か。進化の旅はどこへ向かうのだろう？

人類は、ごく初期の哺乳類の祖先から最も近い過去の親戚ネアンデルタール人まで、何百万年にもわたる進化によってつくられてきた。ヒトは今日も進化し続けている。地球上のあらゆる他の種も同じだ。しかし、その変化はゆっくりすぎて目には見えない。CHAPTER 2で取り上げたように、はるか昔に死に絶えた化石だけでなく、全世界の生きている人のDNAも調べれば、ここまでにいたる進化の旅の全体像を組み立てられる。しかしそれは、わたしたちが将来どこに行きつくのかを教えてはくれない。

　1950年代にDNAの構造が発見されて以来、世界じゅうの科学者たちが、配列決定と遺伝子研究のいっそう高度な方法を、遺伝子工学の強力なツールとともに開発してきた。人類は、自分たちの遺伝子を意図的に、精確に変更する方法を開発してきた初めての種ということになる。こういう技術は、病気を治し、苦痛を減らして、寿命を延ばすのに役立つかもしれないが、大きな倫理問題を投げかけもする。どんな変更なら許されるのか？　そこから利益を受けるのは誰か？　ヒトゲノムを永久的に変更し、もしかすると未来に向けた種の人類という種の遺伝的道すじを変えるべきなのか？

古い遺伝子と新しいツール

　遺伝子工学は目新しいものではない。人類は何千年にもわたって、動物や植物を選択的に交配させてきた。今日のあらゆるペットや家畜や農作物は、たとえば穏やかな性格の犬、しっかりした肉のついた牛、生産性の高い小麦など、望ましい特性を持つ個体を選んで交配させること で、遺伝学的に操作されてきた。なかには、作物の品種改良者が種子を放射線にさらし（いわゆるアトミックガーデニング）新種として有望そうな変異のある植物をつくる試みもあった。これらの手法はどれもあまり精確ではなく、有利な性質を求めて生物を交配すると、有益でない特徴が一緒についてくることもある。たとえば、ダルメシアン犬の多くには聴覚障害がある。優雅なぶちの毛衣をつくる遺伝子の多様性が、耳のなかの重要な色素産生細胞にも影響するからだ。

　1960年代から1970年代初頭になってようやく、科学者たちは、異なるDNA断片を切り貼りすることによって、目標とする方法で遺伝子を微調整できるツールを開発した。それは数年のうちに、遺伝子操作でヒトのインスリンを産生する細菌の作製につながり、今では世界

◀ダルメシアンにぶちの毛衣を与える遺伝子多様性は、聴覚にも影響する可能性がある。

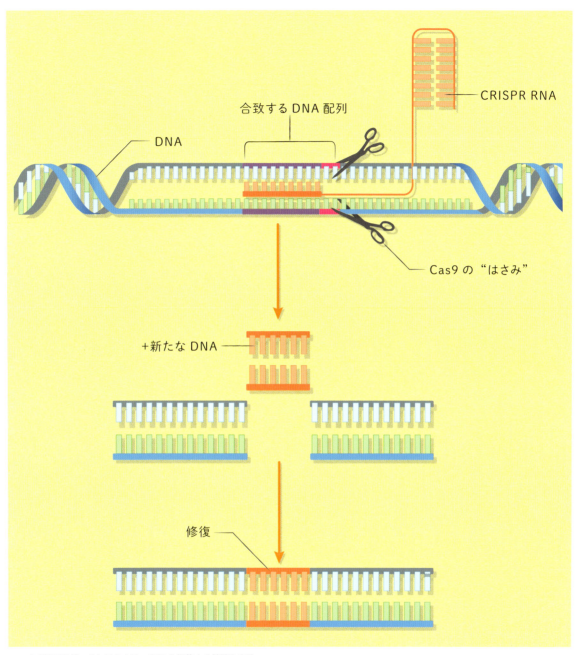

▲CRISPR/Cas9システムは、DNAを編集する精確な方法。

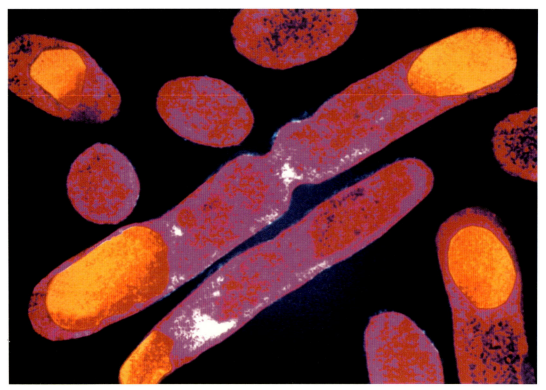

▲遺伝子操作された細菌は、医薬品の重要な供給源だ。

じゅうの糖尿病患者を救うのに使われている。1981年には、まったく新しい特徴を子孫に伝えられる初の遺伝子組換えマウスがつくり出されていた。これらの技術は選択的な交配やランダムな変異の作製よりずっと精確で、特定の遺伝子を追加したり機能停止させたりして働きかたを調べられるようになったが、費用がかさみ手間と時間もかかった。

そして、2012年に飛躍的な進歩があった。スウェーデンのウメオ大学所属のエマニュエル・シャルパンティエ教授と、その共同研究者でカリフォルニア大学バークレー校所属のジェニファー・ダウドナ教授は、侵入してくるウイルスDNAを切り刻む分子のはさみ（Cas9と呼ばれる）をつくって、細菌がウイルス感染にどう反応するかを観察した。ふたりは、CRISPR（クラスター化され、規則的に間隔がある短い回文配列反復）と呼ばれる特別に考案されたRNAの短い断片（クリスパーRNA）を利用し、精確な変化を急速かつたやすく行うことによって、このはさみでどんなDNA配列でも標的にできるようにした。ダウドナとシャルパンティエの研究は試験管のなかのDNAを使って行われたが、マサチューセッツ工科大学のフェン・チャン教授のチームを含む他の研究所では、すぐさまCRISPR/Cas9システムを生きた細胞に適用する方法を見つけた（▶211ページ参照）。

それ以来、世界じゅうの研究者が通称

CRISPRを使い始め、ヒトを含むありとあらゆる種類の生物の遺伝子に目標を厳密に定めた変更を作製するようになった。2016年、カリフォルニア州のソーク研究所の科学者たちは、CRISPRが、遺伝的に盲目の成体ラットの遺伝子を修復できたと発表した。別のチームは、マウスに肝障害を起こす病因的遺伝子を修復し、ヒトに同様の手法を適用するための道を開いた。同年、中国の研究者たちはその技術を使って、より効果的にがん細胞を破壊できるようにがん患者の免疫細胞を変更したことを明らかにした。

現在、数社がさまざまな病気に対するCRISPRを基礎とした治療を研究している。その1つは、病因的遺伝子によって起こる貧血やサラセミア（旧名：地中海貧血症疾患）などにかかった患者で、血液幹細胞内の病因的遺伝子を修復する手法だ。もう1つは、肝細胞を変更してミニチュア工場として働かせ、ある種の遺伝病を持つ人に欠けているタンパク質を送り出す手法だ。ナノ粒子とウイルスを使った有望な結果がいくつかあるものの、おそらく最大の難題は、体内の細胞にCRISPRを送り届ける方法を見つけることにある。それでも、この技術を基礎にして、今後さらに多くの飛躍的な発見と治療法が生まれる可能性は高い。

▼体外受精（IVF）の成功は、世界じゅうで倫理的な論争を引き起こした。

Chapter 17　ヒト2.0　213

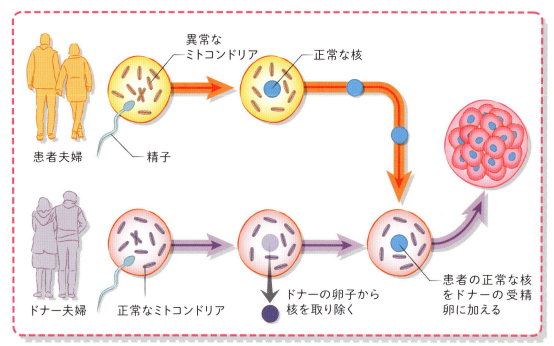

▲ミトコンドリア提供は、病因的ミトコンドリアのある女性に健康な子どもを持つ可能性をもたらす。

デザイナー・ベイビー

　1978年7月、イギリス北部の街オールダムで、特別な赤ちゃんが生まれた。ルイーズ・ブラウンは体外受精（IVF）によって誕生した初の子どもで、それ以来世界じゅうで生まれている100万人以上の試験管ベイビーの第1号となった。着床前遺伝子スクリーニングと診断など（▶CHAPTER 5参照）、IVF技術のさらなる発展と改良は、多くの家族に喜びをもたらしているが、特に遺伝子組換えの分野では、激しい倫理的・法的論争を引き起こしてもいる。

　2015年、中国の科学者たちはCRISPRを使って、IVFでつくられ廃棄された発育不能なヒト胚の遺伝子を組換えてみせ、それが可能であることを証明した。ヒト胚の遺伝子を組み換えるのに必要なツールがあるとすれば（そして現在検査がされているとすれば）、重篤な病気（いわゆるメンデル遺伝病 ▶CHAPTER 6参照）を招く病因的遺伝子のあるヒト胚の修復に使うべきかどうかについても議論が続くことになる。

　こういう病気を患っている人と家族にとって遺伝子組換えは、自分たちを苦しめてきた病因的遺伝子を根絶できる可能性がある。他の人々はと言えば、これを神のまねごとと考える。受け入れがたいリスクや、ヒトゲノムの永続的な変更が代々受け継がれることにも絡んでいる。この分野の研究を推し進めるかどうかの決定は、学者、医師、患者、倫理学者、法律家、一般市民を含めた社会全体で行う必要があるが、世界のあらゆる国が同じ規範で合意するのは不

可能かもしれない。

さらなる重大な一歩は、デザイナー・ベイビーという発想だ。これは遺伝子工学を利用して、たとえば目の色や知能、身長などの特徴に関わる多様性のある特定の遺伝子を持つ胚をつくる。たとえそれが理論上は可能だとしても、実現は想像よりずっと厄介であることが証明されている。ほとんどの形質は、数個の遺伝子や制御スイッチだけに原因を特定できないので、どれを微調整するか見極めるのは非常にむずかしいことだろう。本書の他の章で見てきたように、個人の持つさまざまな遺伝子同士の関係と、その働きがどんな結果を招くかは、決して簡単にはとらえられない。もちろん遺伝子には役割があるが、環境と生育、そしてエピジェネティック修飾の作用も影響する。そういうわけで近い将来、真のデザイナー・ベイビーが登場することはなさそうだ。

とはいえ、遺伝子操作された人間は、純粋な意味で言えば、すでに存在している。2001年、アメリカの科学者たちは、細胞質提供と呼ばれる技術によって、3人の親のDNAを持つ子どもたちが初めて生まれたことを発表した。この子どもたちは、ミトコンドリア病（ミトコンドリアと呼ばれる細胞内の"発電所"が適切に作動しなくなる病気）に苦しむ家族のために生まれてきた。CHAPTER 14で見たように、あらゆる赤ちゃんのミトコンドリアは、母親の卵子

▼羊のドリーがクローン化された方法。

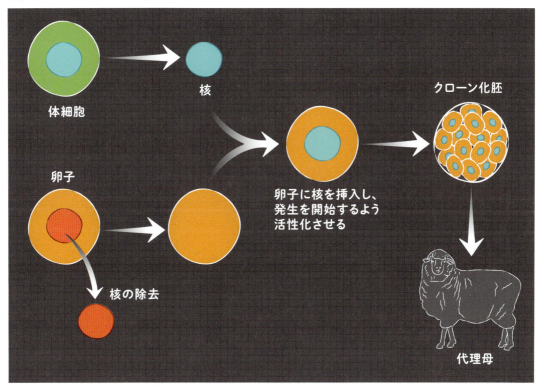

Chapter 17　ヒト2.0　215

から受け継がれ、自らのDNAを少しだけ含んでいる。このわずかなミトコンドリア遺伝子に異常がある女性から生まれた赤ちゃんは、数々の身体不調を患い、たいていはごく若くして亡くなる。

細胞質提供では、健常なドナーの卵子（正常なDNAを持つミトコンドリアが含まれる）から細胞質の一部を採取して、機能不全のあるミトコンドリアを持つ母親の卵子に注入してから、父親の精子と体外受精させる。この技術はもう使われておらず、今ではミトコンドリア提供と呼ばれる（▶214ページの図参照）新しい手法が試されている。2016年、メキシコで働くアメリカの医師たちは、この方法を使って受胎させた初の赤ちゃんの誕生を発表した。ミトコンドリア提供は最近イギリスで承認されたが、多くの国では違法だ。特に赤ちゃんが女の子の場合、ドナーのミトコンドリアDNAが子孫に受け継がれるので、予測できない問題が起こることを懸念する人々もいる。けれども、この致命的な病気で苦しむ家族は、いつか健康な赤ちゃんが持てるという可能性に期待している。

幹細胞と予備の臓器

将来の遺伝学の可能性についてもう1つ議論を呼んでいるのは、ヒトのクローン化だ。1996年、エディンバラのロスリン研究所のキース・キャンベル教授とイアン・ウィルムット教

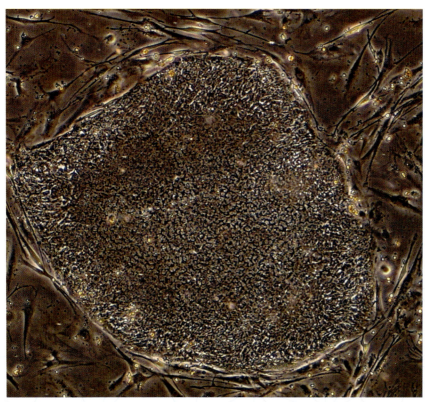

◀実験室で培養されている人工多能性幹（iPS）細胞。

▲かつて大量絶滅が起こったが、わたしたちの身にも起こるのだろうか？

授が率いる研究者たちは、DNAを取り除いた卵子に成体の羊の乳腺細胞から採取したDNAを挿入して、羊のドリーをつくることに成功した（▶215ページの図参照）。

ドリーは、成熟した細胞からクローン化された初の哺乳類だったが、その方法はかつて不可能と考えられていた。それ以来、さまざまな種の哺乳類がクローン化され、南アフリカとイギリスを含む数カ国の科学者たちは、初期ヒト胚のクローンをつくった。現時点では、それらの胚は実験室で14日間育てることができるだけで、さらに発育させるため子宮に着床させることはできない。

科学界が当初ヒトのクローン化にわき立ったのは、クローンの赤ちゃんをつくる可能性ではなく、胚性幹（ES）細胞をつくれる見込みがあるからだった。ES細胞とは、ごく初期の胚にある特別な多能性細胞で、体内のあらゆる組織へと発生分化できる（▶CHAPTER 11参照）。研究者たちは、個別にクローン化された幹細胞をつくり出すことで、深刻な病気を持つ患者のために遺伝的に合致する移植用臓器をつくることを期待した。この発想は、多くの論争を巻き起こした。一部の人は、この目的のためにヒト胚をつくること、あるいはヒト胚やES細胞についてなんらかの研究を行うことも非倫理的である

Chapter 17 ヒト2.0 217

と考えた。

2006年、日本の科学者、山中伸弥教授が、同僚たちとともにすべてを変えた。彼らは、大人の細胞に4つのタンパク質（すべて転写因子）を加えるだけで、生物時計を巻き戻し、それらの細胞を幹細胞に戻せることを発見した。しかも、人工多能性幹（iPS）細胞と呼ばれるこの初期化されたすばらしい細胞は、体内のどの細胞型のなかでも成長できた。2012年、山中教授は、この画期的発見によってノーベル生理学・医学賞を受賞した（イギリスの発生生物学者ジョン・B・ガードン教授との共同受賞）。これでもう、体を修復するための幹細胞をつくるのに胚を利用する必要はなくなった。

今、世界じゅうの研究者たちは、病気の治療や加療のためにiPS細胞の能力を利用する方法を探っている。刺激的なアイデアの1つは、特別に改変した3Dプリンターを使って、個別化したiPS細胞からつくった移植提供用臓器を"印刷"することだ。この種の個別化手法はとても高価になりそうなので、科学者たちは現在、多くの人の遺伝子構成に広く合致するiPS細胞のライブラリー構築に取り組んでいる。この刺激的なアイデアを実現するのに役立つかもしれない。

人類は絶滅するのか？

現生人類は、今日地球上に現存する唯一の既知のヒト族だ。CHAPTER 2で見たように、進化の旅をともにした他のあらゆる親族であるネアンデルタール人やデニソワ人などは、そのDNAが現代人のなかに潜んでいるとはいえ、今では絶滅した。世界じゅうで動物や植物のさまざまな種が死に絶えたが、多くの場合、人間

の活動と環境の変化による影響でそれは早められ、わたしたちは加速する絶滅への時を生きているように思える。では、人類にも同じ運命が降りかかるのだろうか？

過去に地球で何度か大量絶滅が起こったことがわかっている。最も近い過去の大事件は、約6600万年前、巨大な小惑星が地球に衝突したときに起こり、恐竜を含む地球上のあらゆる動植物種の4分の3近くが絶滅した。衝突の衝撃によって環境に突然の大規模な変化が生じ、少数の幸運な種を除くすべての種にとって、生存はきわめて困難になった。しかし、こういう大量絶滅のシナリオが、予測できる未来にふたたび現実になる可能性は低い。地球の軌道に衝突しそうな大きな物体は何もなさそうだし、過去に荒廃をもたらした超巨大火山の噴火などの大規模な自然災害も起こりそうにない。

むしろ人類は、自ら起こした問題によって絶滅する可能性のほうがずっと高い。脅威の1つは核戦争で、現実となれば破壊的な環境の変化が起こるだけでなく、放射能によってたくさんの人が殺され、被害を受ける。次に、病気もある。医療と農業で抗生物質を使いすぎるせいで、抗生物質耐性菌の問題はますます深刻になっている。細菌はとてもすばやく進化して薬に順応するので、多くの科学者や医師は、いずれ細菌感染を防ぎ治療する選択肢がなくなってしまうのではないかと恐れている。もしありふれた病気があらゆる薬に耐性を持てば、大きな公衆衛生問題が起こるだけでなく、手術などの感染のリスクがある医療処置に大きな危険が伴うことになる。

ひどくおぞましい新たなウイルス感染が発生する可能性もある。ウイルス（たとえばブタイ

▲人類を含むすべての種は、気候変動への適応が必要になる。

▼新しい惑星を探索しながら、自分たちの地球も大切にしなければならない。

Chapter 17 ヒト2.0 219

ンフルエンザなど）がときに動物からヒトに伝染することはすでにわかっている。これらが進化してさらに感染力を高めて危険なものになり、将来のパンデミックにつながるかもしれない。幸い、それでも一部の人はウイルス感染に耐性を示す（CHAPTER 7に登場した遺伝的スーパーヒーロー、スティーヴン・クローンのように）可能性があるので、ただ1つのウイルスが全人類を死滅させることはないだろう。

　もう1つの重大な要因は、気候変動だ。地球の気候は何千年ものあいだに自然に変動するが、人間の活動、特に二酸化炭素排出による地球温暖化は変動パターンを加速させ、人類がいまだかつて見たことがなく予測もできない形で世界を変えている。極度の寒さに見舞われる地域がある一方で、ますます気温が上がり不毛の砂漠になっている地域もある。いずれ、きれいな飲み水や作物を育てるための土地が尽き果ててしまうかもしれない。

　もっと明るい面を見るなら、このくらいでは人類を完全に絶滅させることはできないかもしれない。過去にも、わたしたちはきびしく変化の多い状況に適応してきたし、将来世界が変わっても、また適応できるだろう。人類は初期進化の過程で何度か絶滅の危機に瀕したが、どうにかうまく切り抜けてきた。もしかすると、人間は地球上で全滅する前に、別の惑星を植民地にするかもしれない。しかしほとんどの人は、星々への危険な旅にすべての希望を託すより、この地上でできるだけがんばって生きることを選ぶだろう。

　あと数万年もたてば、これらの差し迫った危機から脱出した人間はみんな、わたしたちには予見できない形で存在し、今日の人々とはまったく違っているだろう。他のいろいろな生き物も生き延び、環境の変化に応じて独自に進化していくだろう。人類やその遺伝子にとって未来はどうなるのか、その未来に対処するためどんなふうに適応していくのか、誰にわかるだろう？　確かなのは、もしそれをしくじれば、これまでに絶滅した数多くの不運な種と同じように、人類は死に絶えるということだ。おそらく生命は道を見つけるだろう。しかし、もしかするとそれは現在の形の人類を含んでいないかもしれない。だからこそ本当に重要なのは、わたしたちの遺伝子とわたしたちの地球を、可能なかぎり大切にすることだ。

Chapter 17　ヒト2.0　221

監 訳 者 か ら

　この本は *How to code a Human* の翻訳書である。原著を読んだとき、直感的に、これは名著だ！と思った。そこには、著者の遺伝学専門家としての知識と広く深い情報がコンパクトに詰まっている。遺伝というテーマを軸に、進化のあらすじと今までの発見から、ヒトを含む生物多様性の基本と重要性、多様な意見、現在主流の説や誤った説、研究方法、仮説と証明および反証、治療法とその可能性、社会的影響、明るい面と暗い面、将来のあらゆる可能性にいたるまで全体が見渡せる。いろいろなエピソードも興味深い。多数の図や写真もあり、読者に語りかけてもいる。同種の本と比べても飛び抜けてわかりやすいが、それもそのはず、著者のキャット・アーニー博士は、一般の人に向けて、科学をふだんづかいの言葉で伝えるイギリスの第一人者で、科学者たちに研究内容や結果の効果的な伝え方を助言する仕事もしているという。

　諺にある「木を見て森を見ず」とは違い、この本は「木も森も」一緒に見ている。また、客観的事実はおさえながら、著者の意見や心情も述べられている。イギリスの人らしいユーモアや皮肉もさりげなく入れられ、すべてが縦横斜めの糸で織られたアート作品のようでもある。アートといってもイギリスのアートはフランスのそれとは違うようで、われわれ庶民にとってはわかりやすいように思う。

　英米の科学本では、理解を進めるためにたとえ話が豊富につかわれている。日本でも、遺伝子DNAが設計図にたとえられていることは多い。しかし設計図のイメージは人によって違うことから、最近のたとえは、お芝居の台本や演奏の楽譜になっているが、この本では料理のレシピにたとえられ、さまざまな場面で説明につかわれている。そのほか、各細胞内のDNAはレシピ本が並べられた閲覧図書館に、エピジェネティック・マークは紙のふせんと蛍光ペンにたとえられている。

　翻訳者の桐谷知未さんが正確に訳してくださり、そこから監訳者の役目が始まった。専門知識をさまざまな人が正しく理解するためには、適切なふだんづかいの言葉を選ぶ必要があるのだが、英語に比べ日本語は動詞や形容詞の種類が少ないこともあり、専門的な話を誰もが共有できる日本語で伝えることは意外に大変なのだということを実感した。

　遺伝学の用語は日本遺伝学会監修・編の『遺伝単──遺伝学用語集 対訳付き』（2017年刊）で確かめた。ただし遺伝専門家の意見が分かれているものは、従来の語も併記している。そのほかに、通常の訳語が不適切な言葉や、訳語が差別的になってしまう場合は、適切と思われる別の言葉にしてみた。

専門用語としては中立であっても、一般社会では差別的になる言葉もある。例えば異常という言葉。これは「あいつは異常だ」のように差別的にもなる言葉だが、医学的には定義があり「特性のうち、5％未満で、生命や生活に大きな支障をきたすもの」とされている。障害という言葉も、専門用語としては生命や生活に大きな支障をきたすときのみにつかう言葉である。「障害者」はレッテル貼り語なので、英語では「人＋with＋障害」と書かれる。この書き方はWHOも推奨しており、日本語では「障害がある人」「障害をもつ人」となる。（なお「障がい」「しょうがい」のように書くべきという意見があるが、それは偏見や差別を解消する本質にはならない）。

ところで、原著と翻訳を見比べながら、次のことに気づいた。原著では、読者に二人称（you）で語りかけているところが多く見られたのだが、そのスタイルは訳しにくかった。日本人は相手の気持ちを察する能力がとても高いのだが、それを言語化して、一緒に考え、さまざまな人との相互コミュニケーションにつなげていくことが苦手なためかもしれない。さらにこれが、日本の一般向けの科学本が、一緒に考えていくのでなく、指導書のかたちをとっている一因かもしれない。

遺伝学と聞くと、DNA研究と診断だけが頭に浮かぶかもしれないが、本来、遺伝学の範囲はとても広い。遺伝学はとっつきにくいと言われることも多いが、実際は身近な存在のはずである。ゲノムDNAも、その一部にある遺伝子も、エピジェネティクスも、わたしたちの体のなかでダイナミックに働いているのだから。一方、DNAやエピジェネティクスについて、誤解されたり、不適切に利用されたりしていることも少なくない。遺伝リテラシーの重要性はいっそう増している。

読者の皆さんには、この本で遺伝学の面白さを感じてもらえると思う。それを基にいろいろ考えてほしい。さらに仲間や友達や家族との日常的な話題にもつかってほしい。

遺伝は環境とあいまって人間のすべての営みに関わっている。そのため遺伝学の基本は、理系・文系の壁を越えて、ますます重要になるであろう。さらに、さまざまな体験を解釈するときにも、病気などの難題に対処するときにも、正しい遺伝学の知識は大いに役立つはずである。この本は、そこに目を向けるための足掛かりとして最良と考えている。

監訳　**長谷川知子**
臨床遺伝専門医

索引

3D プリンター　218
23 アンド・ミー　76
BRCA1　63, 198, 203
BRCA2　63, 198, 203
CRISPR/Cas9 システム　211, 212
C・エレガンス　100
DNA 鎖　55, 57, 61, 62
DNA 指紋法　68, 69, 70, 71, 72, 77
DNA 複製　55, 57, 59, 62, 108
ENCODE　19
HERC2　110
Hox 遺伝子　145, 146, 147
lncRNA　129
p53　62, 63
Pax6　143, 205
PRODH　193
RNA エディティング　51
RNA 干渉　131, 132, 133, 134
RNA ポリメラーゼ　44, 45, 47, 107, 111, 119, 128, 129, 187
siRNA　129, 131, 133, 134
SRGAP2　155
XIST　47, 128, 176. 177
X 染色体　47, 73, 77, 128, 174, 175, 176, 177, 178, 179, 183
Y 染色体　19, 76, 77, 174, 175, 177, 180, 182, 183
Y 染色体アダム　180

▶あ

アウストラロピテクス　27
アグーチ・バイアブル・イエロー遺伝子　123
汗臭い T シャツ実験　169
アデニン　12, 13, 120
アミノ酸　41, 42, 44, 46, 47, 48, 49, 50, 51, 154
アルツハイマー病　76, 203, 206 207
アルディピテクス　27
アレル (対立遺伝子)　34, 35, 46, 85, 87, 88, 89, 90, 94, 96, 98, 99, 110, 154, 162, 163, 164, 165, 175, 182, 193, 198, 203, 205, 206
アンソニー・ノーラン骨髄バンク　167
アンチコドン　44, 49, 50
アンチセンス RNA　129, 131

▶い

一塩基多型 (SNP)　73, 74, 75, 76, 77, 79, 87, 106

遺伝子活性　55, 91, 106, 109, 111, 114, 118, 120, 121, 123, 124, 125, 130, 134, 135, 138, 159, 193
遺伝子組換え　212, 214
遺伝子検査　68, 76, 77, 78, 79, 98
遺伝子工学　71, 100, 166, 210, 215
遺伝子配列　15, 112, 134, 143
インプリント遺伝子　121, 182

▶う

ウィスコット・アルドリッチ症候群　167
ヴィソツカ, ジョアンナ　189, 191, 193
ウィルキンス, モーリス　12, 14
ウィルムット, イアン　216
ヴェーデキント, クラウス　169
ウェルドン, ウォルター　87
ヴェンター, クレイグ　17

▶え

エイヴリー, オズワルド　14
エクソン　41, 45, 46, 47, 48, 50, 74, 75
X 線回折　14
X 連鎖潜性遺伝　178
エピジェネティクス　118, 120, 121, 125, 139
エピジェネティック・マーク　75, 118, 121, 122, 124, 125, 135, 159, 177, 187
塩基配列　12, 19, 33, 34, 41, 98, 99, 118
塩基配列決定法　15, 95
エンハンサー　41, 44, 48, 107, 108, 109, 111, 118

▶お

大野乾　19
オドム, ダンカン　112
親子鑑定　68, 70, 72

▶か

ガードン, ジョン・B　218
家系図　71, 74
がん抑制遺伝子　199, 200

▶き

機能不全遺伝子　20, 95, 154
キャップ　45, 47, 48, 50, 51, 61, 128

キャンベル，キース 216
ギルバート，ウォルター 15
キング，メアリー＝クレア 111
筋ジストロフィー 46, 98

▶く

グアニン 12, 13, 120
クリック，フランシス 12, 14, 44, 131
クローン化 215, 216, 217
クローン，スティーヴン 94, 95, 98, 218
クロマチン 13, 118, 119, 120, 121
クロマチン線維 13, 119

▶け

血友病 73, 177
ゲノムアノテーション 40
減数分裂 57, 58, 183
現生人類 26, 28, 30, 31, 32, 33, 34, 35, 36, 37, 153, 193, 218

▶こ

ゴスリング，レイモンド 14
コドン 44, 49, 50, 51
コネクトームマップ 156, 159

▶さ

細胞質提供 215, 216
細胞周期 54, 55, 57, 58, 60
サザン，エドウィン 69
サザンブロッティング 69
サツルマン，ジュリア 134
サリドマイド 141
ザリンガー，ルドルフ 26
サンガー，フレデリック 15

▶し

シークエンシング 15, 16, 17, 40, 61, 94, 95, 130, 186, 189, 198, 207
ジェフリーズ，アレック 68, 69, 70
シトシン 12, 13, 120
シナプス 150, 155, 156, 157
シフマン，ジョシュア 205
写真51番 14
シャルパンティエ，エマニュエル 212
ジャンク DNA 17, 18, 19, 20, 130, 187, 189
ジャンピング遺伝子 188
縦列反復数変異 (VNTR) 68
常染色体 12, 174, 177, 178
ショットガン・シークエンシング法 17
進化の行進図 26, 33

人工多能性幹（iPS）細胞 216, 218
シンシチン 190, 191

▶す

スプライシング 46, 47, 50, 51, 128

▶せ

制御スイッチ 15, 20, 73, 90, 91, 100, 107, 108, 109, 110, 111, 112, 114, 115,
　　129, 189, 191, 193, 215
制限酵素 68, 70
生殖細胞 57, 58, 124, 125, 175, 186
性染色体 12, 87, 98, 166, 174, 175, 177
精密医療 200
世代間エピジェネティック遺伝 123, 125
全ゲノム関連解析 (GWAS) 73, 74, 75, 76, 77, 91
染色体 12, 13, 15, 18, 19, 20, 47, 54, 56, 57, 58, 59, 61, 62, 73, 76, 77, 78, 87, 98,
　　110, 111, 118, 119, 128, 146, 166, 173, 174, 175, 176, 177, 178, 179, 180,
　　182, 183, 201
染色体地図 58
線虫 18, 100, 131, 133
セントロメア 18, 19, 56

▶そ

ソニック・ヘッジホッグ 20, 115
ゾンビ遺伝子 129, 135

▶た

体外受精 78, 139, 214, 216
ダウドナ，ジェニファー 212
ダウン症候群 58, 78
短鎖非コード RNA 131
単数体 12, 56, 59
タンパク質 8, 14, 17, 18, 19, 20, 21, 40, 41, 42, 43, 44, 45, 46, 47, 48, 49, 50, 51,
　　55, 56, 58, 60, 61, 62, 73, 74, 75, 78, 87, 88, 89, 90, 91, 94, 95, 99, 100,
　　106, 107, 108, 110, 111, 112, 118, 120, 121, 128, 129, 130, 131, 133, 134,
　　135, 151, 154, 155, 163, 165, 177, 182, 186, 187, 190, 193, 199, 203, 206,
　　207, 213, 217

▶ち

チミン 12, 13, 120
着床前遺伝子診断 78
長鎖非コード RNA 129, 131, 134

▶て

デオキシリボ核酸 12
適合遺伝子 165, 166, 167, 169
デザイナー・ベイビー 213, 214, 215
デニソワ人 27, 34, 35, 218

索引　227

テロメア　18, 61
転移 RNA（tRNA）　44, 47, 49, 50, 51, 128
転写　40, 41, 44, 45, 47, 48, 62, 100, 107, 108, 109, 111, 114, 118, 121, 128, 129, 130, 131, 133, 134, 135, 154, 175, 177, 186, 187, 189
転写因子　41, 44, 107, 107, 108, 109, 111, 114, 118, 121, 154, 175, 218
伝令 RNA（mRNA）　44, 45, 46, 48, 50, 128

▶と

ドリー　215, 217

▶な

内臓逆位　144, 145

▶に

ニーレンバーグ，マーシャル　42
偽遺伝子　129, 135
乳がん　63, 64, 73, 198
ニューロン　51, 150, 152, 153, 155, 156, 157, 189, 207

▶ぬ

ヌクレオソーム　13, 118, 119
ヌクレオチド　12, 14

▶は

ハーヴィ，ウィリアム　162
配偶子　57, 59
胚性幹 (ES) 細胞　139, 150, 217
ハダカデバネズ　112, 205
発がん遺伝子　198, 199, 200
白血病　165, 167
ハプログループ　74, 180
ハプロタイプ　180
パラントロプス　27
ハンチントン病　73

▶ひ

ピートー，リチャード　205
非コード DNA　15, 18, 60, 68, 73, 87, 106, 108
非コード RNA　41, 47, 128, 129, 130, 131, 177, 189
ヒストン修飾　118, 119, 121, 124
ヒト遺伝子　15, 17, 20, 21, 40, 45, 47, 98, 99, 112, 134, 153, 190, 207
ヒト遺伝子解析機構 (HUGO)　21
ヒトゲノム　9, 11, 12, 15, 17, 18, 19, 20, 21, 25, 33, 34, 40, 60, 98, 99, 106, 121, 128, 134, 135, 165, 182, 183, 185, 186, 187, 189, 193, 210, 214
ヒトゲノムプロジェクト　15
ヒトゲノム命名法委員会 (HGNC)　21

ヒト内在性レトロウイルス（HERV）　186, 187, 188, 189, 190, 191, 193
ヒト免疫不全ウイルス (HIV)　94, 95, 98, 186
非翻訳領域　41, 48, 49, 50
病因的遺伝子　46, 68, 95, 96, 213, 214

▶ふ

ファイアー，アンドリュー　131, 133
ブラウン，ルイーズ　214
ブラシュコ，アルフレッド　177, 178, 179
ブラシュコ線　179
プラダー・ウィリー症候群　182
フランクリン，ロザリンド　12, 14
フリーラジカル　61
プリオン　99
フレミング，ヴァルター　119
プロモーター　40, 41, 44, 48, 107

▶へ

ベイトソン，ウィリアム　85, 87
ヘイフリック限界　61
ヘイフリック，レオナード　61
ペーボ，スヴァンテ　33, 34

▶ほ

紡錘体　56
嚢胞性線維症　73, 76, 88, 96
ホビット　27, 36
ホモ・エレクトス　26, 28, 29, 31, 35, 36
ホモ・サピエンス　26, 30, 31, 32, 35
ホモ・ナレディ　27, 30
ホモ・ネアンデルターレンシス　26, 31, 35
ホモ・ハイデルベルゲンシス　26
ホモ・ハビリス　26, 27, 28, 29, 36
ホモ・フローレシエンシス　36
ポリ (A) テール　48, 50

▶ま

マイクロ RNA　134, 135
マイクロバイオーム　192
マクサム，アラン　15
マクリントック，バーバラ　188
マッセイ，ハインリヒ　42

▶み

ミオシンモータータンパク質　14
三毛猫　175
ミトコンドリア DNA　76, 77, 183, 216
ミトコンドリア提供　214, 216

ミトコンドリア病 215
耳垢遺伝子 89

▶む

無侵襲的出生前遺伝学的検査 78

▶め

メダワー，ピーター 168
メチル化 118, 119, 120, 121, 123, 124, 125, 182, 187
メロー，クレイグ 131
免疫細胞 17, 94, 108, 164, 165, 168, 188, 213
メンデル遺伝病 73, 88, 94, 97, 214
メンデル型 89, 98
メンデル，グレゴール 84, 85, 87, 88, 91
メンデル形質 89
メンデルの法則 84, 85, 87, 88, 91, 94

▶も

モーガン，トーマス・ハント 146
モザイク 176, 177, 178, 180

▶や

山中伸弥 218

▶ゆ

有糸分裂 55, 56, 57
ゆらぎ塩基対 44

▶ら

ライジングスター洞窟 26
ラギング鎖 55, 56
ラマルク，ジャン＝バティスト 122, 123
ラントシュタイナー，カール 162

▶り

リーキー，リチャード 30
リボソーム 41, 43, 47, 48, 49, 50, 51, 128, 129, 131

▶れ

レーナー，ベン 100
レシピ 8, 14, 17, 39, 40, 41, 42, 43, 45, 46, 47, 49, 50, 60, 75, 87, 90, 118
レトロウイルス RNA 187
レトロエレメント 121, 187, 189, 190, 193
レトロトランスポゾン 19, 189

▶わ

ワイメンガ，シスカ 95, 99

ワディトン，コンラッド 120
ワトソン，ジェームズ 12, 14, 17

図版クレジット

7.D.Phillips/SPL, 8. Skillup/Shutterstock.com, 9. Novi Elysa/Shutterstock.com, 12. Dept. of Clinical Cytogenetics, AddenbrookesHospital/SPL, 15. Martin Shields/SPL, 19. Biophoto Associate, 20. John S Lander/LightRocket via Getty Images, 21. Alfred Pasieka/SPL, 22-23. James King-Holmes/SPL, 26. David Gifford/SPL, 27. Turkanabasin.org, 28. Cristina Arias/Cover/Getty Images, 29. (left) Encyclopaedia Britannica/UIG via Getty Images, (right) Javier Trueba/MSF/SPL, 30 Stefan Heunis/AFP/Getty Images, 32. DEA/Dagli Orti/De Agostini/Getty Images, 33. Anna Kucherova/Shutterstock.com, 36. National Geographic/Getty Images, 40. Cathleen A. Clapper/Shutterstock.com, 41. Laguna Design/SPL, 44. Connel/Shutterstock.com, 46. Smith Collection/Gado/ Getty Images, 49. S Photo/Shutterstock.com, 54. Equinox Graphics/SPL, 60. NASA/Triff, 63. Helga Esteb/Shutterstock. com 64-65. Phanie/Alamy, 68. Fredex/Shutterstock. com, 69. Andrew Brookes/Getty Images, 70. Mintybear/Shutterstock.com, 72. (bottom) Andrew Brookes/Getty Images, (top) Robert Nickelsberg/Liaison/Getty Images, 78. (top) Denis Kuvaev/Shutterstock.com, Andy Walker, Midland Fertility Services/SPL (bottom), 80-81. Dotshock/Shutterstock. com, 84. Time Life Pictures/Mansell/The LIFE Picture Collection/Getty Images. 85. Svetlana Foote/Alamy, 88. Absolutimages/Shutterstock.com, 89. Racorn/Shutterstock. com, 90. Vitalinka/Shutterstock.com, 95. Sciepro/SPL/Getty Images, 96. Ollyy/Shutterstock.com, 97. Alan Philips/Getty Images, 100. Steve Gschmeissner/ SPL, 101. BSIP SA/Alamy, 102-103. Ian Cuming/Getty Images, 106. Stocktrek Images/Getty Images, 108. FCA Foto Digital/ Getty Images, 109. Stocktrek Images/Getty Images, 110.Piotr Krzesiak/Shutterstock.com, 112. (top) Mint Images/Getty Images, (bottom) Kontur-vid/Shutterstock.com, 113. Abeselom Zerit/Shutterstock.com, 114. Christian Vinces/ Shutterstock.com, 115. Ed Ni Photo/Shutterstock.com, 118. Lyudmyla Kharlamova/Shutterstock.com, 120. American Philosophical Society/SPL, 122. Svetlana Lakusheva/Shutterstock. com, 123. (top) Private Collection, (bottom) Alex Hubenov/Shutterstock.com, 124. Alinari Archives, Florence/AKG-Images, 128. Alexander Klein/AFP/Getty Images, 129. Nash Photos/Getty Images, 130. R. Jorgensen, University of Arizona, Tuscon, 134. Hill Street Studios/Getty Images, 135. Sergey Shubin/Shutterstock.com, 138. Anatomical Travelogue/SPL, 139. Simon Fraser/Royal Victoria Infirmary, Newcastle Upon Tyne/SPL, 140. Christian Darkin/SPL, 141. Otis Historical Archives, National Museum of Health and Medicine/SPL, 142. Thierry Berrod, Mona Lisa Production/ SPL, 143. Washington NL, Haendel MA, Mungall CJ, Ashburner M, Westerfield M, Lewis SE, 144. Gustoimages/SPL, 145. Images courtesy of the Archives, California Institute of Technology, 150. Zephyr/SPL/Getty Images, 152. Steve Gschmeissner/SPL, 153. Shelia Terry/SPL ,154. Rawpixel/ Shutterstock.com, 156. Riccardo Cassiani-Ignoni/SPL/ Getty Images, 157. Constantine Pankin/Shutterstock.com, 158. Alfred Pasieka/SPL/Getty Images, 159. Marcos Mesa Sam Wordley/Shutterstock.com, 164. SPL/TEK Image/Getty Images, 166. Anthony Nolan, 167. Kevin Curtis/SPL/Getty Images, 168. Central Press/Getty Images, 169. Bogdan Sonjachnyj/Shutterstock.com, 170-171. Eric Grave/SPL/ Getty Images, 174. Paw/Shutterstock.com, 175. Ermolaev Alexander/Shutterstock.com, 179. (top) c Bygum et al; licensee BioMed Central Ltd. 2011, (bottom) Marta Wolff/ Ullstein Bild via Getty Images, 180. Samuel Courtauld Trust, The Courtauld Gallery, London, UK/Bridgeman Images, 182. Dept. of Clinical Cytogenetics, Addenbrookes Hospital/ SPL, 186. A. Dowsett, Health Protectiion Agency/SPL, 188. (left) Smithsonian Institution, (right) David Cavagnaro with assistance from Lois Girton and Marianne Smith, 189. Neil Bromhall/SPL/Getty Images, 190. Dr. Amanda Barlow, Trainor Lab Trainor-et-al, 191. (left) Eric Isselle/Shutterstock.com (right) Minerva Studio/Shutterstock.com, 192. A. Dowsett, Health Protectiion Agency/SPL, 194-195. Tatiana Shepeleva/ Shutterstock.com, 199. Steve Gsschmeissner/SPL, 201. Copyright c 1993-2014 Washington University in St. Louis. All rights reserved. , 202. Private Collection, 204. (top) Steve Gsschmeissner/SPL, (bottom) Animated Healthcare Ltd/ SPL, 205. Eduard Kyslynskyy/SPL, 206. Zephyr/SPL, 207. Africa Studio/Shutterstock.com , 210. Miras Wonderland/ Shutterstock.com, 212. Volker Steger/SPL, 213. CC Studio/ SPL/Getty Images, 216. EuroStemCell.org, 217. MasPix/ Alamy, 219. (top) FloridaStock/Shutterstock.com, (bottom) Kelvin Murray/Getty Images, 222-223. NASA

Images SPL = Science Photo Library
Illustrations by Rebecca Wright

▶カバー写真　iStockphoto

▶著者
キャット・アーニー Kat Arney

サイエンスコミュニケーター、作家、ハープ奏者など、さまざまな顔を持つ。BBCラジオ『ネイキッド・サイエンティスツ』の共同司会者、BBCラジオ5ライブ『サイエンス・ショー』の司会者も務める。《サイエンス》誌、《ガーディアン》紙、《ニュー・サイエンティスト》誌などに多数の記事やコラムを執筆。ケンブリッジ大学で自然科学の学位および発生生物学の博士号を取得。

▶監訳者
長谷川知子 Tomoko Hasegawa

臨床遺伝専門医・小児専門医。ミュンスター大学人類遺伝学研究所助手、国立医療センター遺伝研究室研究員(小児科遺伝外来兼務)、静岡県立こども病院遺伝染色体科医長を経て、2003年にいでんサポート・コンサルテーションオフィスを開設。現在は聖隷浜松病院臨床遺伝部顧問の他、遺伝性疾患や発達障害の子どもたちと家族のサポートと相談にあたっている。

▶訳者
桐谷知未 Tomomi Kiriya

東京都出身。南イリノイ大学ジャーナリズム学科卒業。翻訳家。主な訳書に、『世界的名医が教える脱・糖尿病の最新戦略』(日経BP社刊)、『記憶が消えるとき── 老いとアルツハイマー病の過去、現在、未来』『食物アレルギーと生きる詩人の物語』(以上、国書刊行会刊)、他多数。

HOW TO CODE A HUMAN
by Kat Arney
Copyright © Carlton Books Ltd 2017
Japanese translation rights arranged with
CARLTON BOOKS LIMITED
through Japan UNI Agency, Inc., Tokyo

ビジュアルで見る
遺伝子・DNA のすべて
身近なトピックで学ぶ基礎構造から最先端研究まで

2018 年 6 月 30 日　第 1 刷

著者……………………キャット・アーニー
監訳者…………………長谷川知子
訳者……………………桐谷知未
ブックデザイン………永井亜矢子＋山際昇太（陽々舎）
発行者…………………成瀬雅人
発行所…………………株式会社原書房
　　　　　　　　〒 160-0022 東京都新宿区新宿 1-25-13

電話・代表　03(3354)0685
http://www.harashobo.co.jp/
振替・00150-6-151594

印刷・製本……………シナノ印刷株式会社

© Tomoko Hasegawa, Tomomi Kiriya 2018
ISBN 978-4-562-05578-4 Printed in Japan